中等职业学校工业和
信息化精品系列教材

CorelDRAW
图形设计

项目式全彩微课版

主编：舒德凯 唐娅莉
副主编：刘陈 罗平 李佳芸

人民邮电出版社
北京

图书在版编目（CIP）数据

CorelDRAW图形设计 ：项目式全彩微课版 / 舒德凯，
唐娅莉主编. -- 北京 ：人民邮电出版社，2022.10
中等职业学校工业和信息化精品系列教材
ISBN 978-7-115-59336-8

Ⅰ．①C… Ⅱ．①舒… ②唐… Ⅲ．①图形软件—中等
专业学校—教材 Ⅳ．①TP391.413

中国版本图书馆CIP数据核字(2022)第089594号

内 容 提 要

本书全面、系统地介绍 CorelDRAW X8 的基本操作方法和图形处理技术，并对其在平面设计领域的应用进行深入的介绍，具体内容包括图形设计基础、CorelDRAW X8 基础操作、插画设计、书籍设计、画册设计、宣传单设计、海报设计、横版广告设计、包装设计、综合设计实训等。

本书先通过"相关知识"讲解图形制作和设计的基础知识，帮助学生了解图形制作和设计的相关概念、分类和设计原则等；再通过"任务引入"给出具体制作要求；通过"设计理念"明确设计的重点和主导思想；通过"任务知识"讲解任务涉及的软件功能；通过"任务实施"帮助学生熟悉图形的制作过程；通过"扩展实践"和"项目演练"提高学生的软件使用技巧。最后一个项目安排了 5 个商业设计实例，帮助学生深入理解商业设计的理念和方法，顺利达到实战水平。

本书可作为中等职业学校数字艺术类专业图形设计课程的教材，也可作为 CorelDRAW 初学者的参考书。

◆ 主　编　舒德凯　唐娅莉

　　副主编　刘　陈　罗　平　李佳芸

　　责任编辑　王亚娜

　　责任印制　王　郁　焦志炜

◆ 人民邮电出版社出版发行　　北京市丰台区成寿寺路 11 号

　　邮编　100164　　电子邮件　315@ptpress.com.cn

　　网址　https://www.ptpress.com.cn

　　北京尚唐印刷包装有限公司印刷

◆ 开本：889×1194　1/16

　　印张：13　　　　　　　　　　2022 年 10 月第 1 版

　　字数：267 千字　　　　　　　2022 年 10 月北京第 1 次印刷

定价：59.80 元

读者服务热线：**(010)81055256**　印装质量热线：**(010)81055316**
反盗版热线：**(010)81055315**
广告经营许可证：京东市监广登字 20170147 号

前 言
PREFACE

　　CorelDRAW 是由 Corel 公司开发的一款矢量图形处理和编辑软件，它功能强大、易学易用，深受图形处理爱好者和平面设计人员的喜爱。目前，我国很多中等职业学校的数字艺术类专业都将 CorelDRAW 列为一门重要的专业课程。本书根据《中等职业学校专业教学标准》要求编写，从人才培养目标、专业方案等方面做好顶层设计，明确专业课程标准，强化专业技能培养，安排教材内容；并根据岗位技能要求，引入企业真实案例，进行项目式教学，加强对学生实际应用能力的培养。

　　根据现代中等职业学校的教学方向和教学特色，我们对本书的编写体系做了精心的设计。本书根据 CorelDRAW 在设计领域的应用方向来布置和划分项目，重点内容按照"相关知识—任务引入—设计理念—任务知识—任务实施—扩展实践—项目演练"的思路进行编排。在内容选取方面，力求细致全面、重点突出；在文字叙述方面，注意言简意赅、通俗易懂；在案例设计方面，强调案例的针对性和实用性。

　　本书提供书中所有案例的素材及效果文件，微课视频可登录人邮学院（www.rymooc.com）搜索书名观看。另外，为方便教师教学，本书还配备 PPT 课件、教学大纲、教案等丰富的教学资源，任课教师可登录人邮教育社区（www.ryjiaoyu.com）免费下载。本书的参考学时为 60 学时，各项目的参考学时参见下面的学时分配表。

项目	课程内容	学时分配
项目 1	发现图形之美——图形设计基础	2
项目 2	熟悉设计工具——CorelDRAW X8 基础操作	4
项目 3	制作生动图画——插画设计	8
项目 4	制作精美图书——图书封面设计	8
项目 5	制作商业画册——画册设计	6
项目 6	制作营销宣传单——宣传单设计	6
项目 7	制作宣传海报——海报设计	6

续表

项目	课程内容	学时分配
项目 8	制作电商广告——横版广告设计	6
项目 9	制作商品包装——包装设计	8
项目 10	掌握商业应用——综合设计实训	6
学时总计		60

　　本书由舒德凯、唐娅莉任主编，刘陈、罗平、李佳芸任副主编。由于编者水平有限，书中难免存在疏漏和不足之处，敬请广大读者批评指正。

编者

2022 年 6 月

目 录
CONTENTS

项目1

发现图形之美
——图形设计基础

01

随着信息技术的不断发展，图形设计技术也在相应提高，从事图形设计工作的相关人员需要系统地学习图形设计的各种技术与技巧才能使作品更加符合大众的审美标准。本项目对图形设计的应用领域及工作流程进行系统讲解。通过本项目的学习，读者可以对图形设计有一个全面的认识，从而高效地进行后续的图形设计工作。

 学习引导

📺 知识目标
- 了解图形设计的应用领域
- 明确图形设计的工作流程

📝 能力目标
- 掌握图形设计素材的收集方法

✒️ 素养目标
- 培养对图形设计的兴趣
- 提高对图形设计的审美水平

相关知识：图形中的美学与设计

　　图形设计指运用图形、图像、文字、色彩等元素的编排和设计进行信息传达。在生活中，随处可见这些具有创意的图形设计作品，如图1-1所示。这些图形设计作品不仅直观明了，而且生动形象，让人赏心悦目、印象深刻。

图1-1

任务1.1　了解图形设计的应用领域

1.1.1　任务引入

　　本任务要求读者首先了解图形设计的应用领域；然后通过在花瓣网中收集插画设计作品，提高对图形设计的审美水平。

1.1.2　任务知识：图形设计的应用领域

1 插画设计

　　插画设计发展迅速，目前已经广泛应用于互联网、广告、包装、报纸、杂志和纺织品等行业。插画类型丰富，手法新颖，已经成为最流行的设计表现形式之一，如图1-2所示。

2 字体设计

　　字体设计技术随着人类文明的发展而逐步成熟。根据字体设计的创意需求，可以设计出多样的字体。通过独特的字体设计，可以快速将企业或品牌传达给受众，强化企业的品牌形象，如图1-3所示。

3 广告设计

　　广告以多种形式出现在大众生活中，经常通过互联网、手机、电视、杂志和户外灯箱等媒介来发布。如今的广告具有更强的视觉冲击力，能够更好地传播和推广内容，如图1-4所示。

图1-2

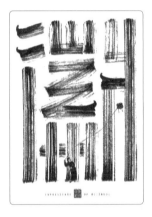

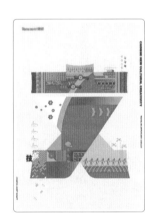

图1-3

图1-4

④ VI 设计

VI（Visual Identity）即视觉识别，是指以建立企业的理念识别为基础，将企业理念、企业使命、企业价值观等经营概念变为具体视觉识别符号，并进行具体化、视觉化的传播，如图1-5所示。

⑤ 包装设计

包装设计是艺术手段与科学技术相结合的产物，是技术、艺术、设计、材料、经济、管理、心理、市场等综合要素的体现，是多种技术融会贯通的一门综合学科，如图1-6所示。

图 1-5

图 1-6

6 界面设计

界面设计是指针对软件的人机交互方式、操作逻辑、界面呈现所进行的整体设计。如今，生活中随处可见界面设计的应用，如智能手表界面、车载系统界面、App 界面及网页界面等，如图 1-7 所示。

7 排版设计

在排版设计中，将图形和文字进行灵活的组织、编排和整合，可以形成更具特色的艺术形象和画面，提高读者的阅读兴趣，增强读者的理解能力，如图 1-8 所示，排版设计已成为现代设计师的一项必备技能。

图 1-7

图 1-8

⑧ 产品设计

产品设计在效果图表现阶段，经常要运用图形来实现相应效果。结合图形设计的效果图可以充分表现出产品功能上的优越性和细节，让设计的产品能够赢得顾客的青睐，如图 1-9 所示。

图 1-9

⑨ 服饰设计

随着科学与文明的进步，人类的艺术设计手段也在不断增加，服饰设计的表现形式越来越丰富多彩。利用图形绘制的服饰设计图，可以让大众感受到服饰的无穷魅力，如图1-10所示。

图1-10

1.1.3 任务实施

（1）打开花瓣网官网，单击页面右上角的"登录/注册"按钮，如图1-11所示。在弹出的对话框中选择登录方式并登录，如图1-12所示。

图1-11   图1-12

（2）在搜索框中输入关键词"国风插画"，如图1-13所示。按Enter键，进入搜索页面。

图1-13

（3）选择页面左上角的"画板"选项，然后选择需要的类别，如图1-14所示。

图1-14

（4）在需要采集的画板上单击，在跳转的页面中选择需要的图片，单击"采集"按钮，如图1-15所示。在弹出的对话框中输入画板名称"插画设计"，选择下方的"创建画板'插画设计'"选项，新建画板。单击"采下来"按钮，将需要的图片采集到画板中，如图1-16所示。

图 1-15   图 1-16

任务 1.2　明确图形设计的工作流程

1.2.1　任务引入

本任务要求读者首先了解图形设计的工作步骤；然后通过在花瓣网中收集旅游广告的设计素材，要求读者首先熟练掌握图形设计素材的收集方法。

1.2.2　任务知识：图形设计的工作流程

图形设计的工作流程分为分析调研、寻找隐喻、设计图形、建立风格、细节润色、场景测试 6 个步骤，如图 1-17 所示。

（a）分析调研　　　　　　　（b）寻找隐喻　　　　　　　（c）设计图形

（d）建立风格　　　　　　　（e）细节润色　　　　　　　（f）场景测试

图 1-17

1.2.3　任务实施

（1）打开花瓣网官网，单击页面右上角的"登录/注册"按钮，如图1-18所示。在弹出的对话框中选择登录方式并登录，如图1-19所示。

图1-18　　　　　　　　　　　　　　　图1-19

（2）在搜索框中输入关键词"旅游广告"，如图1-20所示。按Enter键，进入搜索页面。

图1-20

（3）选择页面左上角的"画板"选项，然后选择需要的类别，如图1-21所示。

图1-21

（4）在需要采集的画板上单击，在跳转的页面中选择需要的图片，单击"采集"按钮，如图1-22所示。在弹出的对话框中输入画板名称"广告设计"，选择下方的"创建画板'广告设计'"选项，新建画板。单击"采下来"按钮，将需要的图片采集到画板中，如图1-23所示。

图1-22　　　　　　　　　　图1-23

项目2

熟悉设计工具
——CorelDRAW X8基础操作

02

本项目主要讲解常用的矢量图形设计和编辑工具，重点介绍CorelDRAW X8。通过本项目的学习，读者可以对CorelDRAW X8有初步的认识和了解，并能掌握CorelDRAW X8的基础知识和基本操作方法，为进一步学习打下坚实的基础。

学习引导

知识目标

- 熟悉 CorelDRAW X8 的界面
- 了解 CorelDRAW X8 文件的设置方法

能力目标

- 掌握 CorelDRAW X8 的基础操作方法
- 掌握 CorelDRAW X8 文件的基本操作技巧

素养目标

- 提升软件操作熟练程度

相关知识：了解设计常用软件

目前，在平面设计工作中，经常使用的软件有 CorelDRAW、Photoshop、Illustrator 和 InDesign，这 4 款软件每一款都有鲜明的特色。要想根据创意制作出完美的图形设计作品，就需要熟练使用这 4 款软件，并能很好地利用不同软件的优势，将其巧妙地结合使用。

① CorelDRAW

CorelDRAW 是由 Corel 公司开发的集矢量图形设计、印刷排版、文字编辑处理和图形输出于一体的平面设计软件。CorelDRAW 是丰富的创造力与强大功能的完美结合，它深受平面设计师、插画师和版式编排人员的喜爱。CorelDRAW X8 的启动界面如图 2-1 所示。

② Photoshop

Photoshop 是 Adobe 公司出品的最强大的图像处理软件之一，它集编辑修饰、制作处理、创意编排、图像输入与输出于一体，深受平面设计人员、计算机艺术和摄影爱好者的喜爱。Photoshop CC 的启动界面如图 2-2 所示。

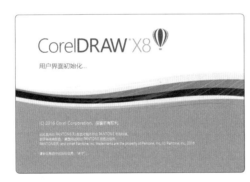
图 2-1

图 2-2

③ Illustrator

Illustrator 是 Adobe 公司推出的专业矢量绘图软件，是出版、多媒体和在线图像的工业标准矢量插画软件。Illustrator 的使用人群主要包括印刷出版线稿的设计者、专业插画家、多媒体图像艺术家和网页或在线内容的制作者。Illustrator CC 的启动界面如图 2-3 所示。

④ InDesign

InDesign 是 Adobe 公司开发的专业排版设计软件，是专业出版方案的新平台。它功能强大、易学易用，能够帮助读者通过内置的创意工具和精确的排版控制工具为纸质或数字出版物设计出极具吸引力的页面版式，深受版式编排人员和平面设计师的喜爱。InDesign CC 的启动界面如图 2-4 所示。

图 2-3　　　　　　　　　　　　　图 2-4

任务 2.1　熟悉软件界面及基础操作

2.1.1　任务引入

本任务要求读者首先认识 CorelDRAW X8 的界面，了解其基础操作；然后通过选择图像、移动图像和缩放图像等操作，掌握工具箱中工具的使用方法。

2.1.2　任务知识：CorelDRAW X8 的界面及基础操作

❶ 菜单栏

CorelDRAW X8 的菜单栏包含"文件""编辑""视图""布局""对象""效果""位图""文本""表格""工具""窗口""帮助"12 个菜单。单击每一个菜单都将弹出下拉菜单，如单击"编辑"菜单，将弹出图 2-5 所示的"编辑"下拉菜单。

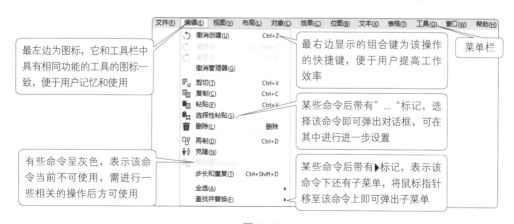

图 2-5

❷ 工具栏

菜单栏的下方通常是工具栏，实际上，工具栏摆放的位置可由用户决定。不单是工具栏如此，在 CorelDRAW X8 中，只要前端出现控制图标的栏目，均可按用户自己的习惯进行拖曳摆放。CorelDRAW X8 的"标准"工具栏如图 2-6 所示。

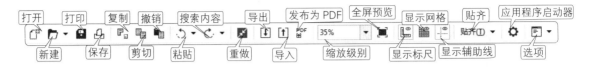

图 2-6

此外，CorelDRAW X8 还提供了一些其他的工具栏，用户可以通过菜单栏打开它们。例如，选择"窗口 > 工具栏 > 文本"命令，则可打开"文本"工具栏。"文本"工具栏如图 2-7 所示。

图 2-7

3 工具箱

CorelDRAW X8 的工具箱中放置着在绘制图形时常用的一些工具，这些工具是每一个软件使用者必须掌握的。CorelDRAW X8 的工具箱如图 2-8 所示。

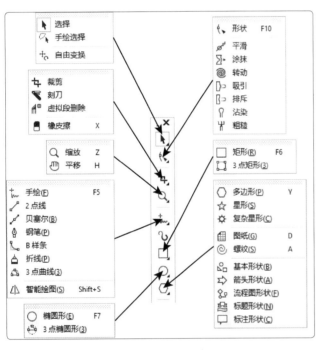

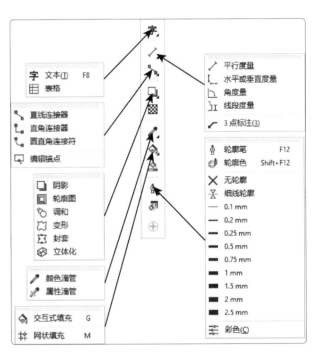

图 2-8

其中，有些工具按钮带有小三角标记◢，表示它有展开工具栏，将鼠标指针放在工具按钮上，按住鼠标左键即可将其展开，也可将其拖曳出来，变成固定工具栏，如图 2-9 所示。

图 2-9

4 泊坞窗

CorelDRAW X8 的泊坞窗是十分有特色的工具。当打开这类窗口时，它们会停靠在绘图窗口的边缘，因此被称为泊坞窗。选择"窗口 > 泊坞窗 > 对象属性"命令，或按 Alt+Enter

组合键，弹出图 2-10 右侧所示的"对象属性"泊坞窗。

　　还可拖曳泊坞窗，将其放在界面中的任意位置，并可通过单击泊坞窗右上角的▶▶按钮或▶▲按钮将泊坞窗折叠或展开，如图 2-11 所示。因此，泊坞窗又被称为卷帘工具。

图 2-10　　　　　　　　　　　　　　　　　　图 2-11

　　CorelDRAW X8 的泊坞窗可通过"窗口 > 泊坞窗"子菜单中的命令打开。用户可以打开一个或多个泊坞窗，当几个泊坞窗同时打开时，除了活动的泊坞窗之外，其余的泊坞窗沿着泊坞窗的边以标签形式显示，如图 2-12 所示。

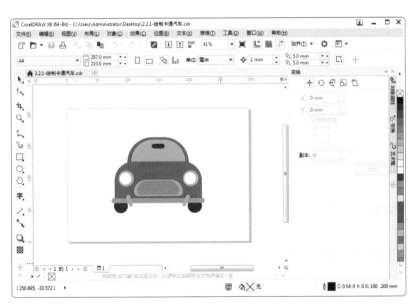

图 2-12

2.1.3　任务实施

　　（1）打开 CorelDRAW X8，选择"文件 > 打开"命令，弹出"打开绘图"对话框，选择云盘中的"Ch02 > 01"文件，如图 2-13 所示。单击"打开"按钮，打开文件，如图 2-14 所示。

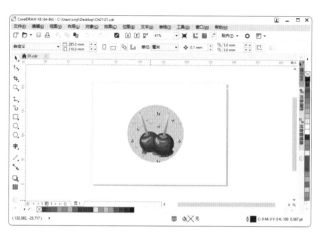

图 2-13　　　　　　　　　　　　　　　　　　图 2-14

（2）选择工具箱中的"选择"工具 ，单击以选择糖果图像，如图 2-15 所示。拖曳糖果图像到左上角，如图 2-16 所示。

（3）将鼠标指针放置在糖果图像对角线的控制点上并拖曳，缩小糖果图像，如图 2-17 所示。

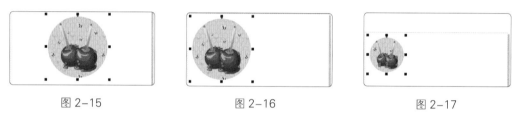

图 2-15　　　　　　　　　　图 2-16　　　　　　　　　　图 2-17

（4）选择"文件 > 另存为"命令，弹出"另存为"对话框，在其中设置保存文件的名称、路径和类型，单击"保存"按钮，保存文件。

任务 2.2　掌握文件的基本操作

2.2.1　任务引入

本任务要求读者首先了解文件的设置方法；然后通过打开文件，熟练掌握"打开"命令；通过复制图像到新建文件中，熟练掌握"新建"命令；通过关闭新建文件，熟练掌握"保存"和"关闭"命令。

2.2.2　任务知识：文件的设置方法

1 新建和打开文件

新建或打开文件是使用 CorelDRAW 进行图形设计的第一步。下面介绍新建和打开文件的方法。

◎ 使用 CorelDRAW X8 的欢迎窗口新建和打开文件。CorelDRAW X8 的欢迎窗口如图 2-18 所示。选择"打开其他 ..."选项，弹出图 2-19 所示的"打开绘图"对话框，可以从中选择要打开的图形文件。

图 2-18   图 2-19

◎ 使用菜单命令或快捷键新建和打开文件。选择"文件 > 新建"命令，或按 Ctrl+N 组合键，可新建文件。选择"文件 > 从模板新建"或"打开"命令，或按 Ctrl+O 组合键，可打开文件。

◎ 使用"标准"工具栏新建和打开文件。使用 CorelDRAW X8"标准"工具栏中的"新建"按钮□和"打开"按钮□ 可以新建和打开文件。

② 保存和关闭文件

当完成某一作品后，就要保存和关闭文件。下面介绍保存和关闭文件的方法。

◎ 使用菜单命令或快捷键保存文件。选择"文件 > 保存"命令，或按 Ctrl+S 组合键，可保存文件。选择"文件 > 另存为"命令，或按 Ctrl+Shift+S 组合键，可更名后保存文件。

◎ 如果是第一次保存文件，将弹出图 2-20 所示的"保存绘图"对话框。在对话框中，可以设置"文件名""保存类型""版本"等选项。

图 2-20

◎ 使用"标准"工具栏保存文件。单击 CorelDRAW X8"标准"工具栏中的"保存"按钮□可以保存文件。

◎ 选择"文件 > 关闭"命令，或按 Alt+F4 组合键，或单击绘图窗口右上角的"关闭"按钮□，可关闭文件。此时，如果文件没有保存，将弹出图 2-21 所示的提示框，询问用户是否保存文件。

图 2-21

如果单击"是"按钮，则保存文件；单击"否"按钮，则不保存文件；单击"取消"按钮，则取消关闭文件的操作。

③ 导出文件

使用"导出"命令，可将 CorelDRAW X8 中的文件以不同的文件格式导出，以供其他应用程序使用。

◎ 使用菜单命令或快捷键导出文件。选择"文件 > 导出"命令，或按 Ctrl+E 组合键，弹出"导出"对话框，如图 2-22 所示，在对话框中可以设置"文件名""保存类型"等选项。

◎ 使用"标准"工具栏导出文件。单击 CorelDRAW X8"标准"工具栏中的"导出"按钮 可以将文件导出。

图 2-22

2.2.3 任务实施

（1）打开 CorelDRAW X8，选择"文件 > 打开"命令，弹出"打开绘图"对话框，如图 2-23 所示。选择云盘中的"Ch02 > 02"文件，单击"打开"按钮，打开文件，如图 2-24 所示。

图 2-23

图 2-24

（2）按 Ctrl+A 组合键全选图形，如图 2-25 所示，按 Ctrl+C 组合键复制图形。选择"文件 > 新建"命令，新建一个页面，如图 2-26 所示。

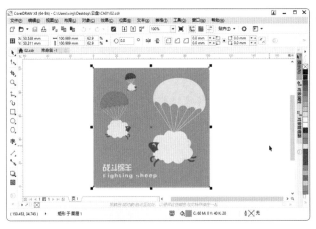

图 2-25　　　　　　　　　　　　　　　　　　　　图 2-26

（3）按 Ctrl+V 组合键粘贴图形到新建的页面中，并将其拖曳到适当的位置，如图 2-27 所示。单击绘图窗口右上角的 ✕ 按钮，弹出提示对话框，如图 2-28 所示。单击"是"按钮，弹出"保存绘图"对话框，其中的设置如图 2-29 所示。单击"保存"按钮，保存文件同时关闭软件。

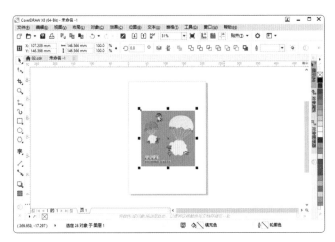

图 2-27　　　　　　　　　　　　　　　　　　　　图 2-28

图 2-29

项目3

制作生动图画
——插画设计

03

插画设计是视觉信息传达的重要手段，已经广泛应用到现代艺术设计领域。由于软件技术的发展，插画设计更加多样化，并在不断创新。通过本项目的学习读者可以掌握插画的设计方法和技巧。

🔍 学习引导

📺 知识目标
- 了解插画的概念
- 了解插画的应用领域和分类

✅ 能力目标
- 熟悉插画的设计思路
- 掌握插画的绘制方法和技巧

📝 素养目标
- 培养对插画设计的创新思维
- 培养对插画的审美与鉴赏能力

📊 实训项目
- 绘制时尚人物插画
- 绘制 T 恤图案插画

相关知识：插画设计基础

① 插画的概念

插画以宣传某个主题为目的，对主题内容进行视觉化的图画表现，营造出主题突出、感染力强、生动形象的艺术效果。海报、广告、杂志、说明书、书籍、包装等设计中，凡是用来宣传主题内容的图画都可以称为插画，如图3-1所示。

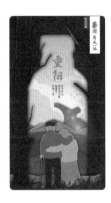

图 3-1

② 插画的应用领域

插画广泛应用于现代艺术设计的多个领域，包括互联网、媒体、出版、文化艺术活动、广告展览、公共事业、影视游戏等，如图3-2所示。

图 3-2

③ 插画的分类

插画的种类繁多，可以分为出版物插图、商业宣传插画、卡通吉祥物插画、影视与游戏美术设计插画、艺术创作类插画等，如图3-3所示。

图 3-3

任务 3.1　绘制时尚人物插画

微课

绘制时尚人物
插画

3.1.1　任务引入

　　本任务是为某杂志绘制人物插画，要求插画以时尚人物图像为主体，通过简洁的绘画风格表现出人物的形象和优雅、时尚的特点。

3.1.2　设计理念

　　绘制时，使用浅色作为插画的底色，给人以清新、干净的感觉；人物形象精致，色彩搭配合理，能够突出时尚主题；画面整体自然、协调、生动且富于变化，让人印象深刻。最终效果参见云盘中的"Ch03 > 效果 > 绘制时尚人物插画"文件，如图 3-4 所示。

图 3-4

3.1.3　任务知识：曲线绘制与编辑

❶ "贝塞尔"工具

　　使用"贝塞尔"工具 ✐ 可以绘制出平滑、精确的曲线。可以通过改变节点和控制点的位置来控制曲线的弯曲程度。可以通过节点和控制点对绘制完的直线或曲线进行精确的调整。

　　◎ 绘制直线和折线

　　选择"贝塞尔"工具 ✐，在页面中单击以确定直线的起点，拖曳鼠标指针到需要的位置，再次单击以确定直线的终点，即可绘制出一段直线。只要确定下一个节点，就可以绘制出折线。如果想绘制出具有多个折角的折线，只需继续确定节点即可，如图 3-5 所示。

　　双击折线上的节点，将删除这个节点，折线上该节点两侧的节点将自动连接，效果如图 3-6 所示。

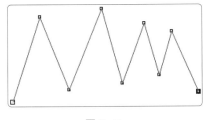 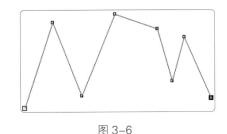

图 3-5   图 3-6

◎ 绘制曲线

选择"贝塞尔"工具，按住鼠标左键，在页面中拖曳鼠标指针以确定曲线的起点，松开鼠标左键，这时该节点的两侧出现控制线和控制点，如图 3-7 所示。

将鼠标指针移动到需要的位置单击并按住鼠标左键，两个节点间出现一条曲线段，拖曳鼠标指针，第 2 个节点的两侧出现控制线和控制点。控制线和控制点会随着鼠标指针的移动而发生变化，曲线的形状也会随之发生变化。将曲线调整到需要的效果后松开鼠标左键，如图 3-8 所示。

在下一个需要的位置单击，将出现一条连续的平滑曲线，如图 3-9 所示。用"形状"工具在第 2 个节点处单击，出现控制线和控制点，如图 3-10 所示。

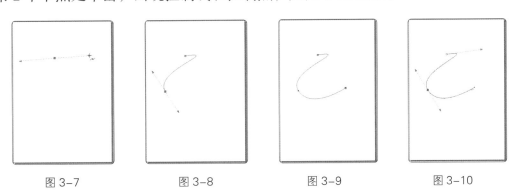

图 3-7   图 3-8   图 3-9   图 3-10

提示   当确定一个节点后，在这个节点上双击，单击确定下一个节点后会得到直线。当确定一个节点后，在这个节点上双击，在要添加下一个节点的位置按住鼠标左键并拖曳，会得到曲线。

② "艺术笔"工具

在 CorelDRAW X8 中，使用"艺术笔"工具可以绘制出多种精美的线条和图形，该工具可以模仿真实画笔的效果，在页面中绘制出丰富的图形，使用该工具可以绘制出不同风格的作品。

选择"艺术笔"工具，属性栏如图 3-11 所示。属性栏中包含 5 种模式，下面具体介绍这 5 种模式。

图 3-11

◎ 预设模式

预设模式提供了多种线条类型。可以通过该模式改变曲线的宽度。单击属性栏中"预设笔触"右侧的下拉按钮▾，弹出下拉列表，如图 3-12 所示。在该下拉列表中可选择需要的线条类型。

单击属性栏中的"手绘平滑"选项，弹出滑块，拖曳滑块或在文本框中输入数值，可以调节绘图时线条的平滑程度。在"笔触宽度"数值框中输入数值可以设置曲线的宽度。选择预设模式和线条类型后，鼠标指针变为✎形状，按住鼠标左键在页面中拖曳鼠标指针，可以绘制出封闭的线条图形。

◎ 笔刷模式

笔刷模式提供了多种样式的笔刷。使用这些笔刷，可以绘制出漂亮的效果。

在属性栏中单击"笔刷"模式按钮▮，单击"笔刷笔触"右侧的下拉按钮▾，弹出下拉列表，如图 3-13 所示。在下拉列表中选择需要的笔刷类型，按住鼠标左键在页面中拖曳鼠标指针，绘制出需要的图形。

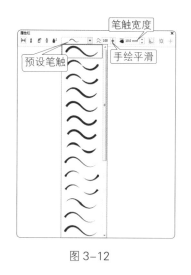

图 3-12

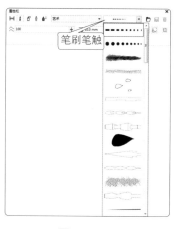

图 3-13

◎ 喷涂模式

喷涂模式提供了多种有趣的图形，这些图形可以应用在绘制的曲线上。可以在属性栏的"喷射图样"下拉列表中选择需要的喷射图样来绘制图形。

在属性栏中单击"喷涂"模式按钮▣，属性栏如图 3-14 所示。单击属性栏中"喷射图样"右侧的下拉按钮▾，弹出下拉列表，如图 3-15 所示。在其下拉列表中选择需要的喷射图样。单击属性栏中"喷涂顺序"右侧的下拉按钮▾，弹出下拉列表，在其中可以选择喷出图形的顺序。选择"随机"选项，喷出的图形将会随机分布。选择"顺序"选项，喷出的图形将会以方形区域分布。选择"按方向"选项，喷出的图形将会随鼠标指针移动的路径分布。选择喷涂顺序，按住鼠标左键在页面中拖曳鼠标指针，绘制出需要的图形。

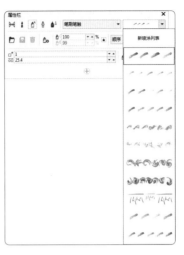

图 3-14   图 3-15

◎ 书法模式

使用书法模式可以绘制出类似书法的效果，还可以改变曲线的宽度。

在属性栏中单击"书法"模式按钮，属性栏如图 3-16 所示。在属性栏的"书法角度"数值框中，可以设置书法笔触的角度。如果角度为 0°，书法笔在垂直方向画出的线条最粗，笔尖是水平的。如果角度为 90°，书法笔在水平方向画出的线条最粗，笔尖是垂直的。设置好相关参数，按住鼠标左键在页面中拖曳鼠标指针，绘制图形。

图 3-16

◎ 压力模式

在压力模式下，可以用压力感应笔或键盘输入的方式改变线条的宽度。使用这个功能可以绘制出特殊的图形。

选择需要的画笔，单击"压力"模式按钮，属性栏如图 3-17 所示。设置好压力感应笔的平滑度和笔触宽度，按住鼠标左键在页面中拖曳鼠标指针，绘制图形。

图 3-17

③ "钢笔"工具

使用"钢笔"工具可以绘制出多种精美的曲线和图形，还可以对已绘制的曲线和图形进行编辑和修改。在 CorelDRAW X8 中，很多复杂图形都可以通过"钢笔"工具来完成。

◎ 绘制直线和折线

选择"钢笔"工具 ，在页面中单击以确定直线的起点，拖曳鼠标指针到需要的位置，再次单击以确定直线的终点，绘制出一段直线，如图3-18所示。继续单击确定下一个节点，就可以绘制出折线。如果想绘制出具有多个折角的折线，只需继续单击确定节点就可以了，折线的效果如图3-19所示。要想结束绘制，按 Esc 键或单击"钢笔"工具按钮 即可。

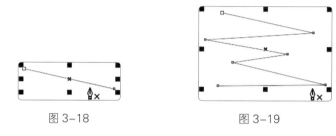

图 3-18   图 3-19

◎ 绘制曲线

选择"钢笔"工具 ，在页面中单击以确定曲线的起点，将鼠标指针移动到需要的位置，按住鼠标左键，此时在两个节点间出现一条直线段，如图3-20所示。拖曳鼠标指针，第2个节点的两侧出现控制线和控制点，控制线和控制点会随着鼠标的拖拽而发生变化，直线段变为曲线段，如图3-21所示。调整到需要的效果后松开鼠标左键，曲线的效果如图3-22所示。

使用相同的方法可以继续绘制曲线，如图3-23和图3-24所示。绘制完成的曲线如图3-25所示。

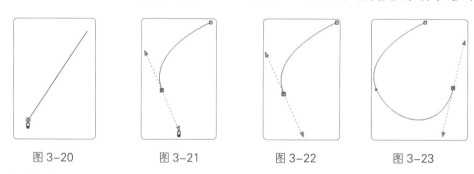

图 3-20   图 3-21   图 3-22   图 3-23

如果想在曲线后继续绘制直线，可以按住 C 键和鼠标左键，在要继续绘制直线的节点上拖曳鼠标指针，这时出现节点的控制点。松开 C 键，将控制点拖曳到下一个节点的位置，如图3-26所示。松开鼠标左键，然后单击，可以绘制出一段直线，如图3-27所示。

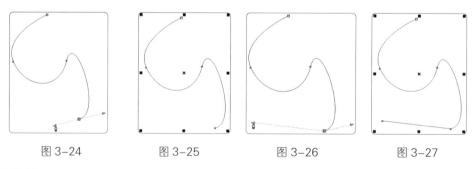

图 3-24   图 3-25   图 3-26   图 3-27

◎ 编辑曲线

在属性栏中单击"自动添加或删除节点"按钮 ，在曲线绘制的过程中会自动添加或删除节点。

将鼠标指针移动到节点上，鼠标指针变为 👆 形状，如图 3-28 所示，单击节点可以删除该节点，如图 3-29 所示。将鼠标指针移动到曲线上，鼠标指针变为 👆+ 形状，如图 3-30 所示，单击可以添加节点，如图 3-31 所示。

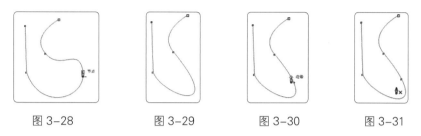

图 3-28　　　　　图 3-29　　　　　图 3-30　　　　　图 3-31

将鼠标指针移动到曲线的起始点，鼠标指针变为 👆 形状，如图 3-32 所示，单击可以闭合曲线，如图 3-33 所示。

提示　在绘制曲线的过程中，按住 Alt 键可编辑曲线段，进行节点的转换、移动和调整等操作，松开 Alt 键可继续进行曲线的绘制。

④ 编辑曲线的节点

节点是构成图形的基本要素。用"形状"工具 选择曲线或图形后，会显示曲线或图形的全部节点。移动节点和节点的控制点、控制线可以编辑曲线或图形的形状，还可以通过增加和删除节点来进一步编辑曲线或图形。

绘制一条曲线，如图 3-34 所示。选择"形状"工具 ，选择曲线上的节点，如图 3-35 所示。属性栏如图 3-36 所示。

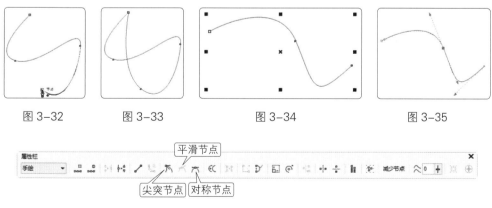

图 3-32　　　　图 3-33　　　　　　图 3-34　　　　　　图 3-35

属性栏中有 3 种类型的节点：尖突节点、平滑节点和对称节点。节点类型不同，节点控制点的属性也不同，单击属性栏中相应的按钮可以转换节点的类型。

尖突节点：尖突节点的控制点是独立的，当移动其中一个控制点时，另外一个控制点并不会移动，从而使通过尖突节点的曲线能够尖突弯曲。

平滑节点：平滑节点的控制点是相互关联的，当移动其中一个控制点时，另外一个控制点也会随之移动，通过平滑节点连接的线段会产生平滑的过渡。

对称节点：对称节点的控制点不仅是相互关联的，而且控制线的长度是相等的，从而使得对称节点两侧曲线的曲率也是相等的。

◎ 选择并移动节点

绘制一个图形，如图3-37所示。选择"形状"工具，单击以选择其中一个节点，如图3-38所示。按住鼠标左键并拖曳，该节点被移动，如图3-39所示。松开鼠标左键，图形调整后的效果如图3-40所示。

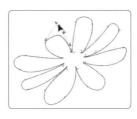

图3-37　　　　　　　图3-38　　　　　　　图3-39　　　　　　　图3-40

使用"形状"工具选择并移动节点上的控制点，如图3-41所示。松开鼠标左键，图形调整后的效果如图3-42所示。

使用"形状"工具圈选图形上的部分节点，如图3-43所示。松开鼠标左键，图形中被选中的部分节点如图3-44所示。拖曳任意一个被选中的节点，其他被选中的节点也会随之移动。

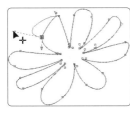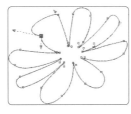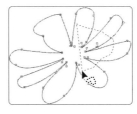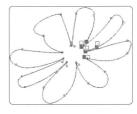

图3-41　　　　　　　图3-42　　　　　　　图3-43　　　　　　　图3-44

提示　　因为在CorelDRAW X8中有3种节点类型，所以当移动不同类型节点上的控制点时，图形的形状会有不同形式的变化。

◎ 增加和删除节点

绘制一个图形，如图3-45所示。使用"形状"工具选择需要增加和删除节点的曲线，将鼠标指针移至曲线上要增加节点的位置，如图3-46所示。双击可以在这个位置增加一个节点，如图3-47所示。

单击属性栏中的"添加节点"按钮，也可以在曲线上增加节点。

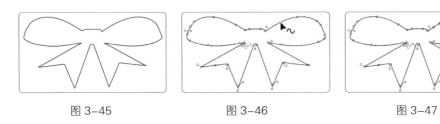

图 3-45　　　　　　　　图 3-46　　　　　　　　图 3-47

将鼠标指针移至要删除的节点上，如图 3-48 所示。双击可以删除这个节点，如图 3-49 所示。
选择要删除的节点，单击属性栏中的"删除节点"按钮，也可以删除选择的节点。

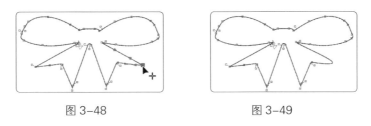

图 3-48　　　　　　　　　　图 3-49

提示

　　如果需要在曲线或图形中删除多个节点，可以先按住 Shift 键选择要删除的多个节点，然后按 Delete 键删除。也可以使用圈选的方法选择需要删除的多个节点，然后按 Delete 键删除。

◎ 合并和连接节点

绘制一个图形，如图 3-50 所示。选择"形状"工具，按住 Ctrl 键选择两个需要合并的节点，如图 3-51 所示。单击属性栏中的"连接两个节点"按钮，将两个节点合并，使曲线成为闭合的曲线，如图 3-52 所示。

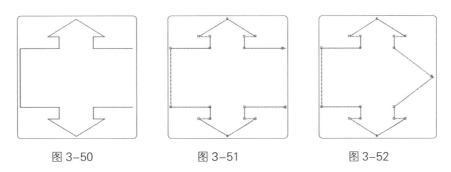

图 3-50　　　　　　　　图 3-51　　　　　　　　图 3-52

使用"形状"工具圈选两个需要连接的节点，单击属性栏中的"闭合曲线"按钮，可以将两个节点以直线连接，使曲线成为闭合的曲线。

◎ 断开节点

在曲线中要断开的节点上单击，选择该节点，如图 3-53 所示。单击属性栏中的"断开曲线"按钮，从该节点断开，如图 3-54 所示。使用"形状"工具选择并移动该节点，如图 3-55 所示。

5 **编辑和修改几何图形**

使用"矩形"工具、椭圆形"工具和"多边形"工具绘制的图形是简单的几何图形。

这类图形的节点比较少，只能对其进行简单的编辑。如果想对其进行更复杂的编辑，就需要将简单的几何图形转换为曲线。

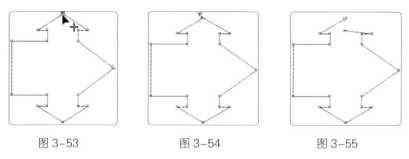

图 3-53   图 3-54   图 3-55

◎ 使用"转换为曲线"按钮

使用"椭圆形"工具◯绘制一个椭圆形，如图 3-56 所示。在属性栏中单击"转换为曲线"按钮⟳，将椭圆形转换成曲线，曲线上有多个节点，如图 3-57 所示。使用"形状"工具⟨⟩拖曳曲线上的节点，如图 3-58 所示。松开鼠标左键，调整后的曲线如图 3-59 所示。

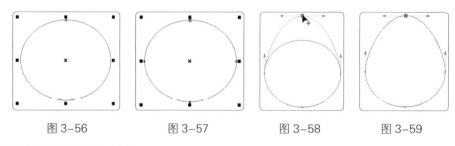

图 3-56   图 3-57   图 3-58   图 3-59

◎ 使用"转换为曲线"按钮

使用"多边形"工具◯绘制一个多边形，如图 3-60 所示。选择"形状"工具⟨⟩，单击需要的节点，如图 3-61 所示。单击属性栏中的"转换为曲线"按钮⟨⟩，将多边形中的线段转换为曲线，曲线上出现节点，图形的对称属性被保留，如图 3-62 所示。使用"形状"工具⟨⟩拖曳节点调整图形，如图 3-63 所示。松开鼠标左键，图形效果如图 3-64 所示。

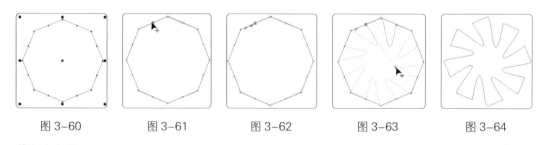

图 3-60   图 3-61   图 3-62   图 3-63   图 3-64

◎ 裁切图形

使用"刻刀"工具⟨⟩可以对单一的图形进行裁切，将一个图形裁切成两个部分。

选择"刻刀"工具⟨⟩，将鼠标指针移至图形上要裁切的起点位置，鼠标指针变为⟨⟩形状后单击，如图 3-65 所示。移动鼠标指针会出现一条裁切线，将鼠标指针移至要裁切的终点位置后单击，如图 3-66 所示。图形裁切完成的效果如图 3-67 所示。使用"选择"工具⟨⟩拖曳裁切后的图形，图形被分成了两部分，如图 3-68 所示。

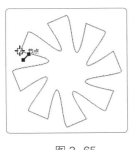
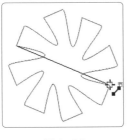

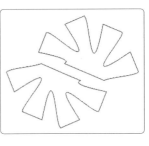

图 3-65   图 3-66   图 3-67   图 3-68

单击"裁切时自动闭合"按钮，图形被裁切后，生成的两部分将自动闭合，并保留其填充属性。若不单击此按钮，图形被裁切后，生成的两部分不会自动闭合，同时图形会失去其填充属性。

◎ 擦除图形

使用"橡皮擦"工具可以擦除部分或全部图形，并可以使擦除后图形的剩余部分自动闭合。"橡皮擦"工具只能对单一的图形进行擦除。

绘制一个图形，如图 3-69 所示。选择"橡皮擦"工具，鼠标指针变为〇形状，在图形上按住鼠标左键并拖曳，可以擦除图形，如图 3-70 所示。擦除后的图形效果如图 3-71 所示。

属性栏如图 3-72 所示。

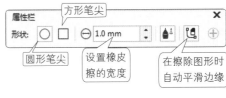

图 3-69   图 3-70   图 3-71   图 3-72

◎ 修饰图形

使用"沾染"工具和"粗糙"工具可以修饰已绘制好的矢量图形。

绘制一个图形，如图 3-73 所示。选择"沾染"工具，属性栏如图 3-74 所示。在图形上单击并按住鼠标左键拖曳，制作出需要的涂抹效果，如图 3-75 所示。

图 3-73   图 3-74   图 3-75

绘制一个图形，如图 3-76 所示。选择"粗糙"工具，属性栏如图 3-77 所示。在图形边缘单击并按住鼠标左键拖曳，制作出需要的粗糙效果，如图 3-78 所示。

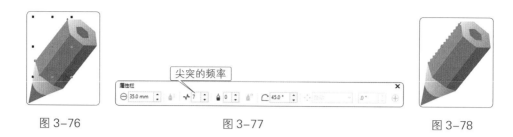

图 3-76　　　　　　　　　　图 3-77　　　　　　　　　　图 3-78

3.1.4　任务实施

（1）打开 Corel DRAW X8，按 Ctrl+N 组合键，弹出"创建新文档"对话框，设置文档的宽度为 200 mm、高度为 200 mm、方向为纵向、原色模式为 CMYK、分辨率为 300 dpi，单击"确定"按钮，创建一个文档。

（2）双击"矩形"工具□，绘制一个与页面大小相等的矩形，设置矩形颜色的 CMYK 值为 0、12、26、0，填充矩形，并去除矩形的轮廓线，如图 3-79 所示。

（3）选择"贝塞尔"工具✐，在页面中绘制一个不规则图形，如图 3-80 所示。设置图形颜色的 CMYK 值为 2、0、7、0，填充图形，并去除图形的轮廓线，如图 3-81 所示。

（4）选择"贝塞尔"工具✐，在适当的位置绘制两个不规则图形，如图 3-82 所示。选择"选择"工具▸，选择需要的图形，设置图形颜色的 CMYK 值为 0、17、20、0，填充图形，并去除图形的轮廓线，如图 3-83 所示。选择需要的图形，设置图形颜色的 CMYK 值为 4、21、24、0，填充图形，并去除图形的轮廓线，如图 3-84 所示。

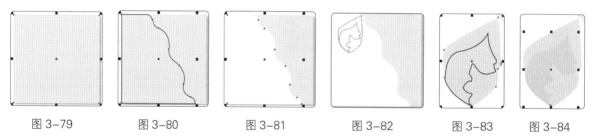

图 3-79　　　图 3-80　　　图 3-81　　　图 3-82　　　图 3-83　　图 3-84

（5）选择"贝塞尔"工具✐，在适当的位置绘制一个不规则图形。设置图形颜色的 CMYK 值为 4、71、34、0，填充图形，并去除图形的轮廓线，如图 3-85 所示。

（6）选择"椭圆形"工具○，按住 Ctrl 键在适当的位置绘制一个圆形。单击属性栏中的"转换为曲线"按钮⟳，将圆形转换为曲线，如图 3-86 所示。选择"形状"工具⟨，选择并向右拖曳右侧的节点到适当的位置，如图 3-87 所示。

（7）选择"形状"工具⟨，在适当的位置双击，添加一个节点，如图 3-88 所示。选择并向左拖曳添加的节点到适当的位置，如图 3-89 所示。在左侧不需要的节点上双击，删除节点，如图 3-90 所示。

（8）选择"形状"工具⟨，选择添加的节点，节点的两端出现控制线，如图 3-91 所示。拖曳左侧的控制线到适当的位置，调整图形的弧度，如图 3-92 所示。选择"选择"工具▸，选择图形，填充图形为黑色，并去除图形的轮廓线，如图 3-93 所示。

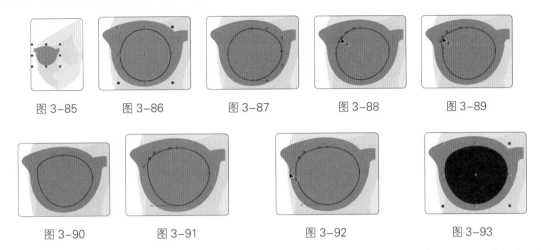

图 3-85 图 3-86 图 3-87 图 3-88 图 3-89

图 3-90 图 3-91 图 3-92 图 3-93

（9）选择"选择"工具 ，用圈选的方法同时选择两个图形，如图 3-94 所示。按数字键盘上的 + 键，复制图形。按住 Shift 键水平向右拖曳复制的图形到适当的位置，如图 3-95 所示。单击属性栏中的"水平镜像"按钮 ，水平翻转图形，如图 3-96 所示。

（10）选择"贝塞尔"工具 ，在适当的位置绘制一个不规则图形。设置图形颜色的 CMYK 值为 27、100、50、11，填充图形，并去除图形的轮廓线，如图 3-97 所示。

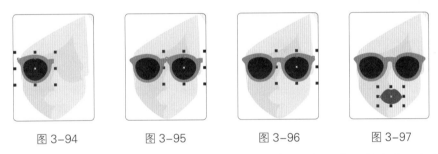

图 3-94 图 3-95 图 3-96 图 3-97

（11）选择"贝塞尔"工具 ，在适当的位置绘制一个不规则图形，如图 3-98 所示。设置图形颜色的 CMYK 值为 29、100、53、16，填充图形，并去除图形的轮廓线，如图 3-99 所示。用相同的方法绘制牙齿等部分，并填充相应的颜色，如图 3-100 所示。

（12）选择"贝塞尔"工具 ，在适当的位置绘制一个不规则图形，填充图形为黑色，并去除图形的轮廓线，如图 3-101 所示。

（13）选择"选择"工具 ，按数字键盘上的 + 键，复制图形。按住 Shift 键水平向右拖曳复制的图形到适当的位置，如图 3-102 所示。单击属性栏中的"水平镜像"按钮 ，水平翻转图形，如图 3-103 所示。

图 3-98 图 3-99 图 3-100 图 3-101 图 3-102 图 3-103

（14）选择"贝塞尔"工具 ✐，在适当的位置绘制一个不规则图形。设置图形颜色的 CMYK 值为 1、29、17、0，填充图形，并去除图形的轮廓线，如图 3-104 所示。

（15）连续按 Ctrl+PageDown 组合键，将图形向后移至适当的位置，如图 3-105 所示。用相同的方法绘制其他图形，并填充相应的颜色，如图 3-106 所示。

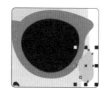 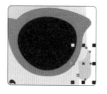 

图 3-104　　　　　　　　图 3-105　　　　　　　　图 3-106

（16）选择"椭圆形"工具 ◯，按住 Ctrl 键在适当的位置绘制一个圆形。按 F12 键，弹出"轮廓笔"对话框，在"颜色"下拉列表中设置轮廓线颜色的 CMYK 值为 0、40、100、0，其他设置如图 3-107 所示。单击"确定"按钮，效果如图 3-108 所示。连续按 Ctrl+PageDown 组合键，将圆形向后移至适当的位置，如图 3-109 所示。

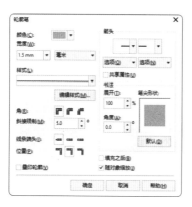  

图 3-107　　　　　　　　　　　　　　图 3-108　　　　　图 3-109

（17）选择"贝塞尔"工具 ✐，在适当的位置绘制一个不规则图形，如图 3-110 所示。设置图形颜色的 CMYK 值为 5、4、12、0，填充图形，并去除图形的轮廓线，如图 3-111 所示。连续按 Ctrl+PageDown 组合键，将图形向后移至适当的位置，如图 3-112 所示。

（18）用相同的方法绘制其他部分，并填充相应的颜色，如图 3-113 所示。选择"贝塞尔"工具 ✐，在页面中绘制一个不规则图形，如图 3-114 所示。设置图形颜色的 CMYK 值为 2、0、7、0，填充图形，并去除图形的轮廓线，如图 3-115 所示。

图 3-110　　　图 3-111　　　图 3-112　　　图 3-113　　　图 3-114　　　图 3-115

（19）使用"贝塞尔"工具 ✐ 为头发绘制白色高光，如图 3-116 所示。按 Ctrl+I 组合键，弹出"导入"对话框，选择云盘中的"Ch03 > 素材 > 绘制时尚人物插画 > 01"文件，单击"导入"按钮,在页面中单击以导入图形。选择"选择"工具 ▶,选择并拖曳图形到适当的位置,如图 3-117 所示。

(20)连续按 Ctrl+PageDown 组合键,将图形向后移至适当的位置,如图 3-118 所示。时尚人物插画绘制完成,如图 3-119 所示。

图 3-116

图 3-117

图 3-118

图 3-119

3.1.5 扩展实践:绘制鲸插画

本实践使用"矩形"工具 □、"手绘"工具 ╰ 和"填充"工具绘制插画的背景;使用"矩形"工具 □、"椭圆形"工具 ○、"移除前面对象"按钮 ⬚、"贝塞尔"工具 ⬦ 绘制鲸;使用"艺术笔"工具 ╰ 绘制水花;使用"手绘"工具 ╰ 和"轮廓笔"工具 ✎ 绘制海鸥(最终效果参看云盘中的"Ch03>效果 > 绘制鲸插画"文件,如图 3-120 所示)。

图 3-120

微课
绘制鲸插画

任务 3.2 绘制 T 恤图案插画

微课
绘制T恤图案插画

3.2.1 任务引入

本任务是制作 T 恤图案插画,要求设计。通过意象的表现形式,风格新颖。

3.2.2 设计理念

绘制时,使用深色的纹样图案作为插画底图,营造出神秘的氛围;灰蓝色和暗红色的搭配与主题风格一致,能较好地渲染气氛;卡通人像造型独特,令人过目难忘。最终效果参见云盘中的"Ch03 > 效果 > 绘制 T 恤图案插画"文件,如图 3-121 所示。

图 3-121

3.2.3 任务知识：图形绘制与填充

① "矩形"工具

◎ 绘制矩形

选择工具箱中的"矩形"工具□，按住鼠标左键，在页面中拖曳鼠标指针到需要的位置，松开鼠标左键，完成矩形的绘制，如图3-122所示。属性栏如图3-123所示。

按Esc键，取消矩形的编辑状态，矩形如图3-124所示。选择"选择"工具▶，在刚绘制好的矩形上单击，可以选择该矩形。

图3-122   图3-123   图3-124

按F6键，快速选择"矩形"工具□，可在页面中适当的位置绘制矩形。

按住Ctrl键，可在页面中绘制正方形。

按住Shift键，可在页面中以当前点为中心绘制矩形。

按住Shift+Ctrl组合键，可在页面中以当前点为中心绘制正方形。

提示   双击工具箱中的"矩形"工具□，可以绘制出一个和页面大小一样的矩形。

◎ 绘制圆角矩形

在页面中绘制一个矩形，如图3-125所示。在属性栏中，如果将"转角半径"选项中的小锁图标🔒按下，则改变"转角半径"的值时，矩形4个角的转角半径数值将相同。在属性栏的"转角半径"选项中进行设置，如图3-126所示。按Enter键，圆角矩形如图3-127所示。

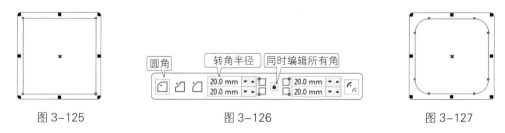

图3-125   图3-126   图3-127

如果不按下小锁图标🔒，则可以单独改变矩形一个角的"转角半径"数值。在属性栏的"转角半径"选项中进行设置，如图3-128所示。按Enter键，效果如图3-129所示。如果要将圆角矩形还原为直角矩形，可以将"转角半径"数值都设置为0mm。

图 3-128　　　　　　　　　　　　　　　　　　　图 3-129

◎ 使用"矩形"工具绘制扇形角图形

在页面中绘制一个矩形，如图 3-130 所示。在属性栏中单击"扇形角"按钮⬠，在"转角半径"数值框中设置数值均为 20.0mm，如图 3-131 所示。按 Enter 键，效果如图 3-132 所示。

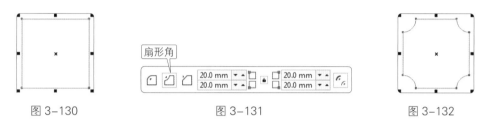

图 3-130　　　　　　　　图 3-131　　　　　　　　图 3-132

扇形角图形的"转角半径"的设置方法与圆角矩形相同，这里就不再赘述。

◎ 使用"矩形"工具绘制倒棱角图形

在页面中绘制一个矩形，如图 3-133 所示。在属性栏中，单击"倒棱角"按钮⬠，在"转角半径"数值框中设置数值均为 20.0mm，如图 3-134 所示。按 Enter 键，效果如图 3-135 所示。

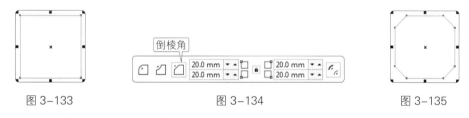

图 3-133　　　　　　　　图 3-134　　　　　　　　图 3-135

倒棱角图形的"转角半径"的设置方法与圆角矩形相同，这里不再赘述。

◎ 拖曳矩形的节点来绘制圆角矩形

绘制一个矩形。选择"形状"工具，单击矩形左上角的节点，如图 3-136 所示。按住鼠标左键拖曳该节点，可以同时改变 4 个角为圆角，如图 3-137 所示。松开鼠标左键，圆角效果如图 3-138 所示。按 Esc 键，取消矩形的编辑状态，圆角矩形如图 3-139 所示。

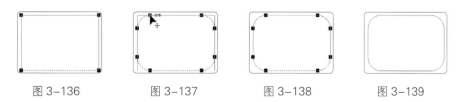

图 3-136　　　　图 3-137　　　　图 3-138　　　　图 3-139

◎ 使用相对角缩放按钮调整图形

在页面中绘制一个圆角矩形，属性栏和圆角矩形如图 3-140 所示。在属性栏中单击"相对角缩放"按钮，拖曳控制点调整圆角矩形的大小，圆角半径根据圆角矩形的调整而改变，属性栏和调整后的圆角矩形如图 3-141 所示。

图 3-140　　　　　　　　　　　　　图 3-141

◎ 绘制以任何角度放置的矩形

选择"3 点矩形"工具，按住鼠标左键，在页面中拖曳鼠标指针到需要的位置，松开鼠标左键，可以绘制出一条任意方向的线段作为矩形的一条边，如图 3-142 所示。

然后拖曳鼠标指针到需要的位置，确定矩形的另一条边，如图 3-143 所示。单击后，倾斜放置的矩形绘制完成，如图 3-144 所示。

图 3-142　　　　　　　　图 3-143　　　　　　　　图 3-144

② "椭圆形"工具

◎ 绘制椭圆形

选择"椭圆形"工具，按住鼠标左键，在页面中拖曳鼠标指针到需要的位置，松开鼠标左键，椭圆形绘制完成，如图 3-145 所示。属性栏如图 3-146 所示。

按住 Ctrl 键，在页面中可以绘制出圆形，如图 3-147 所示。

图 3-145　　　　　　　　图 3-146　　　　　　　　图 3-147

按 F7 键，可以快速选择"椭圆形"工具，在页面中适当的位置绘制椭圆形。

按住 Shift 键，可在页面中以当前点为中心绘制椭圆形。

按住 Shift+Ctrl 组合键，可在页面中以当前点为中心绘制圆形。

◎ 使用"椭圆形"工具绘制饼形和弧形

绘制一个圆形，如图 3-148 所示。单击属性栏（见图 3-149）中的"饼图"按钮，可将圆形转换为饼形，如图 3-150 所示。

图 3-148   图 3-149   图 3-150

单击属性栏（见图3-151）中的"弧"按钮○，可将圆形转换为弧形，如图3-152所示。

图 3-151   图 3-152

在"起始和结束角度"数值框中设置饼形和弧形的起始角度和结束角度，按 Enter 键，可以精确绘制饼形和弧形，如图3-153所示。

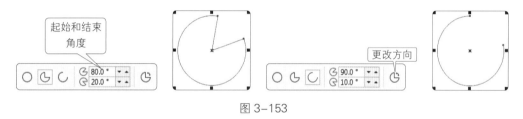

图 3-153

在椭圆形被选中的状态下，在属性栏中单击"饼图"按钮○或"弧"按钮○，可以使图形在饼形和弧形之间转换。单击属性栏中的"更改方向"按钮○，可以将饼形或弧形进行180°的镜像变换。

◎ 拖曳圆形的节点来绘制饼形和弧形

选择"椭圆形"工具○，绘制一个圆形。按F10键，快速选择"形状"工具○，在圆形轮廓线的节点上按住鼠标左键，如图3-154所示。

向圆形内侧拖曳节点，如图3-155所示。松开鼠标左键，圆形变成饼形，效果如图3-156所示。向圆形外侧拖曳轮廓线上的节点，可使圆形变成弧形。

◎ 绘制以任何角度放置的椭圆形

选择"椭圆形"工具○拓展工具栏中的"3点椭圆形"工具○，按住鼠标左键，在页面中拖曳鼠标指针到需要的位置，松开鼠标左键，可绘制一条任意方向的线段作为椭圆形的一个轴，如图3-157所示。然后拖曳鼠标指针到需要的位置，即可确定椭圆形的形状，如图3-158所示。单击后，倾斜放置的椭圆形绘制完成，如图3-159所示。

③ "基本形状"工具

◎ 绘制基本形状

选择"基本形状"工具○，在属性栏中单击"完美形状"按钮○，在弹出的下拉列表中选择需要的基本形状，如图 3-160 所示。

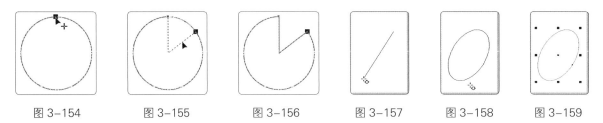

图 3-154　　　　图 3-155　　　　图 3-156　　　　图 3-157　　　　图 3-158　　　　图 3-159

按住鼠标左键，在页面中从左上角向右下角拖曳鼠标指针到需要的位置，松开鼠标左键，基本形状绘制完成，如图 3-161 所示。

◎ 绘制箭头形状

选择"箭头形状"工具，在属性栏中单击"完美形状"按钮，在弹出的下拉列表中选择需要的箭头形状，如图 3-162 所示。

按住鼠标左键，在页面中从左上角向右下角拖曳鼠标指针到需要的位置，松开鼠标左键，箭头形状绘制完成，如图 3-163 所示。

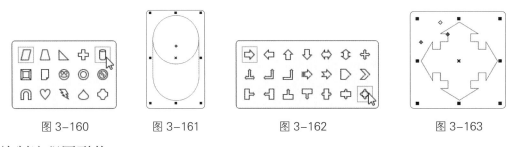

图 3-160　　　　图 3-161　　　　　图 3-162　　　　　图 3-163

◎ 绘制流程图形状

选择"流程图形状"工具，在属性栏中单击"完美形状"按钮，在弹出的下拉列表中选择需要的流程图形状，如图 3-164 所示。

按住鼠标左键，在页面中从左上角向右下角拖曳鼠标指针到需要的位置，松开鼠标左键，流程图形状绘制完成，如图 3-165 所示。

图 3-164　　　　　　　　　　　　　　　图 3-165

◎ 绘制标题形状

选择"标题形状"工具，在属性栏中单击"完美形状"按钮，在弹出的下拉列表中选择需要的标题形状，如图 3-166 所示。

按住鼠标左键，在页面中从左上角向右下角拖曳鼠标指针到需要的位置，松开鼠标左键，标题形状绘制完成，如图 3-167 所示。

◎ 绘制标注形状

选择"标注形状"工具⬚，在属性栏中单击"完美形状"按钮⬚，在弹出的下拉列表中选择需要的标注形状，如图 3-168 所示。

按住鼠标左键，在页面中从左上角向右下角拖曳鼠标指针到需要的位置，松开鼠标左键，标注形状绘制完成，如图 3-169 所示。

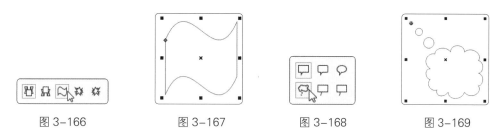

图 3-166　　　　　　图 3-167　　　　　　图 3-168　　　　　　图 3-169

◎ 调整基本形状

绘制一个基本形状，如图 3-170 所示。在要调整的基本形状的红色菱形符号上按下鼠标左键，将其拖曳到适当的位置，如图 3-171 所示。得到需要的形状后，松开鼠标左键，如图 3-172 所示。

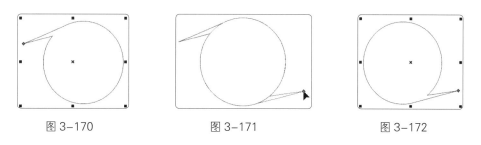

图 3-170　　　　　　　图 3-171　　　　　　　图 3-172

提示

CorelDRAW X8 内置的流程图形状中没有红色菱形符号，所以不能对这样的图形进行类似的调整。

④ 标准填充

◎ 选择颜色

CorelDRAW X8 中提供了多种调色板，选择"窗口 > 调色板"命令，将打开可供选择的多种调色板。CorelDRAW X8 在默认状态下使用的是 CMYK 调色板。

调色板一般在屏幕的右侧。使用"选择"工具▸选择屏幕右侧的条形调色板，如图 3-173 所示。按住鼠标左键拖曳条形调色板到屏幕中间，拖曳条形调色板的边框，变化后的调色板如图 3-174 所示。

打开一个要填充的图形。使用"选择"工具▸选择要

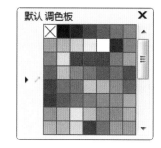

图 3-173　　　　　图 3-174

填充的图形，如图 3-175 所示。在调色板中需要的颜色上单击，如图 3-176 所示。图形的内部即被选择的颜色填充，如图 3-177 所示。单击调色板中的"无填充"按钮⊠，可取消图形内部的颜色填充。

　　保持图形的选择状态。在调色板中需要的颜色上单击鼠标右键，如图 3-178 所示。图形的轮廓线即被选择的颜色填充，设置适当的轮廓宽度，如图 3-179 所示。

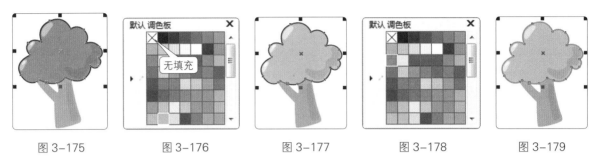

| 图 3-175 | 图 3-176 | 图 3-177 | 图 3-178 | 图 3-179 |

◎ 使用"均匀填充"对话框

　　选择"编辑填充"工具▨，或按 Shift+F11 组合键，弹出"编辑填充"对话框，单击"均匀填充"按钮▉，可以设置需要的颜色。

　　对话框中提供的 3 种设置颜色的方式分别为模型、混合器和调色板。

● 模型

　　模型设置框如图 3-180 所示，其中提供了完整的色谱。操作颜色关联控件可更改颜色，也可以在颜色模式的各数值框中设置数值来设置需要的颜色。在模型设置框中还可以选择不同的颜色模式，模型设置框默认选择 CMYK 模式，如图 3-181 所示。

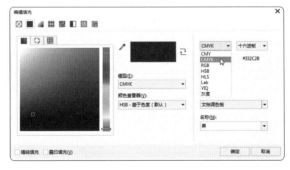

| 图 3-180 | 图 3-181 |

设置好需要的颜色后，单击"确定"按钮，即可将需要的颜色填充到图形中。

提示　　如果有需要经常使用的颜色，设置好需要的颜色后，单击"编辑填充"对话框中"文档调色板"选项右侧的下拉按钮▾，在弹出的下拉列表中选择"调色板"选项，就可以将设置好的颜色添加到调色板中。在下一次需要使用该颜色时就不需要设置了，直接在调色板中调用即可。

● 混合器

混合器设置框如图 3-182 所示，混合器设置框是通过组合颜色的方式来生成新颜色的。从"色度"下拉列表中选择需要的形状，通过转动色环可以设置需要的颜色。从"变化"下拉列表中选择需要的选项，可以调整颜色的明度。拖曳"大小"选项的滑动块可以使可选择的颜色更丰富。

还可以在颜色模式的各数值框中设置数值来设置需要的颜色。在混合器设置框中可以选择不同的颜色模式，混合器设置框默认选择 CMYK 模式，如图 3-183 所示。

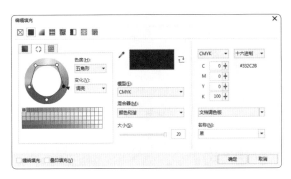
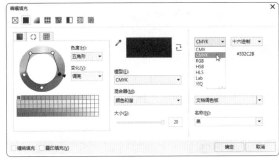

图 3-182   图 3-183

● 调色板

调色板设置框如图 3-184 所示。调色板设置框是通过 CorelDRAW 中已有颜色库中的颜色来填充图形的，在"调色板"下拉列表中可以选择需要的颜色库，如图 3-185 所示。

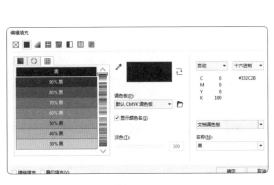
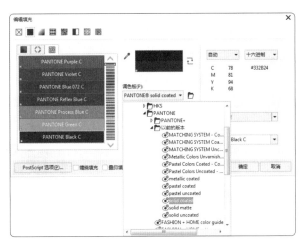

图 3-184   图 3-185

在调色板中的颜色上单击就可以选择需要的颜色，拖曳"淡色"选项的滑块可以使选择的颜色变淡。设置好需要的颜色后，单击"确定"按钮，可以将需要的颜色填充到图形中。

◎ 使用"颜色泊坞窗"

"颜色泊坞窗"是为图形填充颜色的辅助工具，特别适合在实际工作中使用。

单击工具箱下方的"快速自定"按钮⊕，添加"彩色"工具，弹出"颜色泊坞窗"，如图 3-186 所示。绘制一个笑脸图形，如图 3-187 所示。在"颜色泊坞窗"中设置颜色，如图 3-188 所示。

设置好颜色后，单击"填充"按钮，如图3-189所示。颜色填充到笑脸图形的内部，如图3-190所示。也可在设置好颜色后，单击"轮廓"按钮，如图3-191所示。填充颜色到笑脸图形的轮廓线，如图3-192所示。

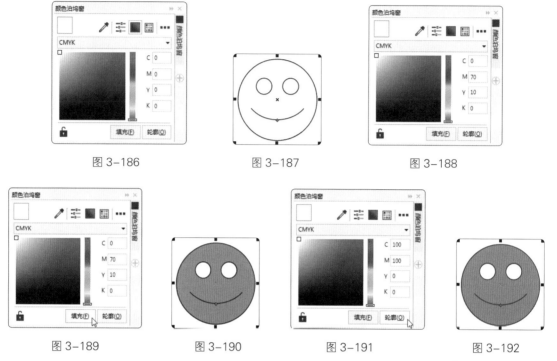

图 3-186   图 3-187   图 3-188

图 3-189   图 3-190   图 3-191   图 3-192

"颜色泊坞窗"上方的3个按钮分别是"显示颜色滑块""显示颜色查看器""显示调色板"。单击这3个按钮可以选择不同的设置颜色的方式，如图3-193所示。

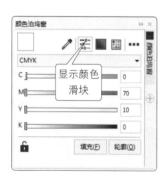  

图 3-193

提示

经过特殊效果（如渐变、立体化、透明和滤镜等效果）处理后，图形产生的颜色不能加入颜色样式中，位图也不能进行编辑颜色样式的操作。

⑤ 渐变填充

渐变填充是一种非常实用的功能，在设计制作过程中经常会用到。在CorelDRAW X8中，渐变填充提供了线性、椭圆形、圆锥形、矩形 4 种渐变形式，使用这些渐变形式可以绘制出多种渐变效果。下面介绍渐变填充的方法和技巧。

◎ 使用属性栏和工具栏进行填充

绘制一个图形，如图 3-194 所示。选择"交互式填充"工具，在属性栏中单击"渐变填充"按钮，属性栏如图 3-195 所示，效果如图 3-196 所示。

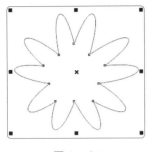

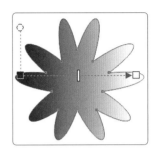

图 3-194　　　　　　　　　图 3-195　　　　　　　　　图 3-196

依次单击属性栏中的 4 个渐变填充按钮，可以选择相应的渐变填充类型，"椭圆形渐变填充""圆锥形渐变填充""矩形渐变填充"的效果分别如图 3-197 所示。

属性栏中的"节点颜色"下拉列表用于设置选择的渐变节点的颜色，"节点透明度"文本框用于设置选择的渐变节点的透明度，"加速"文本框用于设置从一个颜色到另外一个颜色的渐变速度。

绘制一个图形，如图 3-198 所示。选择"交互式填充"工具，在起点按住鼠标左键并拖曳，到适当的位置后，松开鼠标左键，图形被填充预设的颜色，如图 3-199 所示。在拖曳鼠标的过程中可以控制渐变的角度、渐变的边缘宽度等渐变属性。

椭圆形渐变填充　　　　圆锥形渐变填充　　　　矩形渐变填充

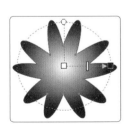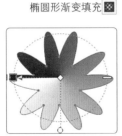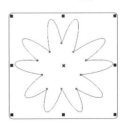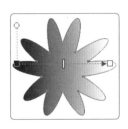

图 3-197　　　　　　　　　　图 3-198　　　　　图 3-199

拖曳起点和终点可以改变渐变的角度和边缘宽度。拖曳中间点可以调整渐变颜色的分布。拖曳渐变虚线，可以控制渐变颜色与图形之间的相对位置。拖曳上方的圆圈图标可以调整渐变的倾斜角度。

◎ 使用"编辑填充"对话框进行填充

选择"编辑填充"工具，在弹出的"编辑填充"对话框中单击"渐变填充"按钮。该对话框的"镜像、重复和反转"设置区中提供了 3 种渐变填充类型，分别是"默认渐变填充""重复和镜像渐变填充""重复渐变填充"。

● 默认渐变填充

单击"默认渐变填充"按钮█，"编辑填充"对话框如图3-200所示。

在该对话框中设置好渐变颜色后，单击"确定"按钮，完成图形的渐变填充。

在预览色带上的起点颜色和终点颜色之间双击，预览色带上将产生一个三角形色标█，也就是新增一个渐变颜色标记，如图3-201所示。"节点位置"文本框中显示的百分数就是当前新增渐变颜色标记的位置。单击"节点颜色"右侧的下拉按钮▾，在弹出的下拉列表中设置需要的渐变颜色，预览色带上渐变颜色标记的颜色将改变为设置的颜色。"节点颜色"选项中显示的颜色就是当前渐变颜色标记的颜色。

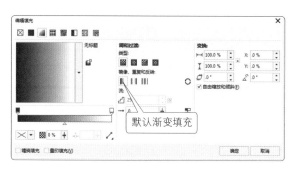

图3-200　　　　　　　　　　　　　　　　　　　图3-201

● 重复和镜像渐变填充

单击"重复和镜像"按钮▥，"编辑填充"对话框如图3-202所示。然后单击调色板中的颜色，可改变渐变填充终点的颜色。

● 重复渐变填充

单击"重复"按钮▦，"编辑填充"对话框如图3-203所示。在该对话框中设置好渐变颜色后，单击"确定"按钮，完成图形的渐变填充。

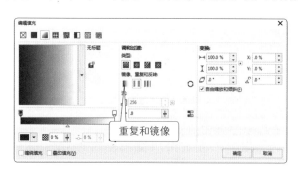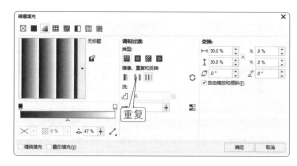

图3-202　　　　　　　　　　　　　　　　　　　图3-203

◎渐变填充的样式

绘制一个图形，如图3-204所示。"编辑填充"对话框的"填充挑选器"选项中包含CorelDRAW X8预设的一些渐变效果，如图3-205所示。

选择一个预设的渐变效果，单击"确定"按钮，可以完成图形的渐变填充。使用预设的渐变效果填充图形，如图3-206所示。

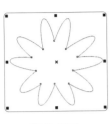

图 3-204

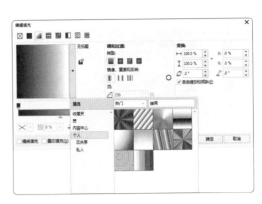

图 3-205

图 3-206

⑥ 图样填充

向量图样填充是用矢量图和线描式图像来进行填充的。选择"编辑填充"工具🖈，在弹出的"编辑填充"对话框中单击"向量图样填充"按钮▦，如图 3-207 所示。

位图图样填充是用位图进行填充的。选择"编辑填充"工具🖈，在弹出的"编辑填充"对话框中单击"位图图样填充"按钮▦，如图 3-208 所示。

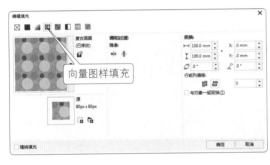

图 3-207

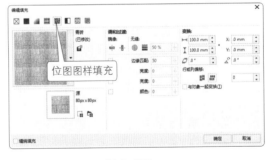

图 3-208

双色图样填充是用两种颜色构成的图案进行填充的，也就是通过设置前景色和背景色进行填充。选择"编辑填充"工具🖈，在弹出的"编辑填充"对话框中单击"双色图样填充"按钮▣，如图 3-209 所示。

⑦ 底纹填充

选择"编辑填充"工具🖈，弹出"编辑填充"对话框，单击"底纹填充"按钮▦可选择底纹进行填充。CorelDRAW X8 的底纹库提供了多个样本组和几百种预设的底纹填充图案，如图 3-210 所示。

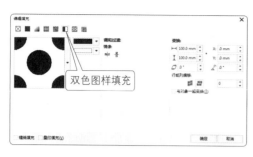
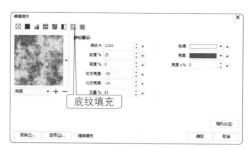

图 3-209　　　　　　　　　　　　　　　　　图 3-210

在"底纹库"下拉列表中可以选择不同的样本组。CorelDRAW X8 底纹库提供了 7 个样本组。选择样本组后，预览框中显示出底纹的效果，单击预览框右侧的下拉按钮，在弹出的下拉列表中可以选择需要的底纹图案。

绘制一个图形，在"底纹库"下拉列表中选择需要的样本组，单击预览框右侧的下拉按钮，在弹出的下拉列表中选择需要的底纹图案，单击"确定"按钮，可以将底纹图案填充到图形中。填充不同底纹图案的效果如图 3-211 所示。

图 3-211

选择"交互式填充"工具，在属性栏中单击"底纹填充"按钮，单击"填充挑选器"右侧的下拉按钮，在弹出的下拉列表中可以选择底纹填充的样式。

提示　　底纹填充会增加文件的大小，导致处理文件的时间增加，在对大型的图形使用底纹填充时要慎重。

⑧ 网状填充

绘制一个要进行网状填充的图形，如图 3-212 所示。选择"网状填充"工具，在属性栏中将"网格大小"的数值均设置为 3，按 Enter 键，图形的网状填充效果如图 3-213 所示。选择网格中需要填充的节点，如图 3-214 所示，在调色板中需要的颜色上单击，为选择的节点填充颜色，如图 3-215 所示。

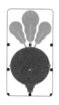  

图 3-212　　　　图 3-213　　　　图 3-214　　　　图 3-215

依次选择其他需要的节点进行颜色填充，如图 3-216 所示。选择节点后，拖曳节点可以改变颜色填充的方向，如图 3-217 所示。网格填充效果如图 3-218 所示。

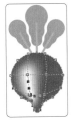
图 3-216

图 3-217

图 3-218

3.2.4 任务实施

（1）打开 Corel DRAW X8，按 Ctrl+N 组合键，新建一个文件。在属性栏的"页面度量"选项中设置宽度为 230.0mm、高度为 230.0mm，按 Enter 键，页面尺寸显示为设置的大小。

（2）选择"椭圆形"工具 ○，按住 Ctrl 键在页面中绘制一个圆形，如图 3-219 所示。按 Shift+F11 组合键，弹出"编辑填充"对话框，单击"底纹填充"按钮 ▦，切换到相应的对话框中，单击预览框右侧的下拉按钮 □，在弹出的下拉列表中选择需要的底纹效果，如图 3-220 所示。单击"选项"按钮，弹出"底纹选项"对话框，其中的设置如图 3-221 所示。单击"确定"按钮，返回到"编辑填充"对话框，将"纸"颜色的 RGB 值设置为 89、96、117，将"墨"颜色的 RGB 值设置为 51、43、43，其他设置如图 3-222 所示。单击"确定"按钮，填充图形，并去除图形的轮廓线，如图 3-223 所示。

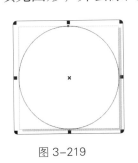
图 3-219

图 3-220

图 3-221

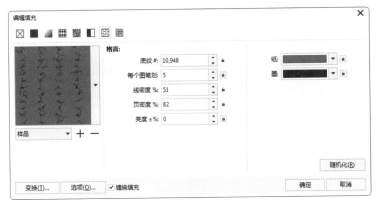
图 3-222

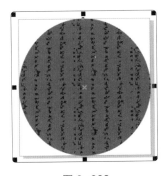
图 3-223

（3）选择"基本形状"工具，单击属性栏中的"完美形状"按钮，在弹出的下拉列表中选择需要的形状，如图3-224所示。在页面外拖曳鼠标指针绘制图形，如图3-225所示。设置图形颜色的CMYK值为7、100、78、0，填充图形，并去除图形的轮廓线，如图3-226所示。

图3-224　　　　　　　　　图3-225　　　　　　　　　图3-226

（4）选择"矩形"工具，在适当的位置绘制一个矩形，设置矩形颜色的CMYK值为45、100、100、17，填充矩形，并去除矩形的轮廓线，如图3-227所示。

（5）按数字键盘上的＋键，复制矩形。选择"选择"工具，向上拖曳矩形下边中间的控制点到适当的位置，调整矩形的大小。设置矩形颜色的CMYK值为44、0、15、0，填充矩形，如图3-228所示。用相同的方法调整矩形上边的位置，如图3-229所示。

（6）选择"选择"工具，选择下方的矩形，单击属性栏中的"转换为曲线"按钮，将矩形转换为曲线，如图3-230所示。选择"形状"工具，选择并向右拖曳矩形右侧的节点到适当的位置，如图3-231所示。用相同的方法调整矩形左侧的节点，如图3-232所示。

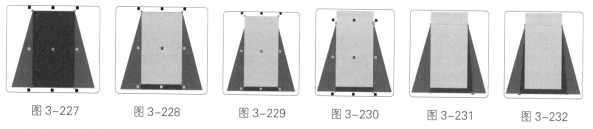

图3-227　　　图3-228　　　图3-229　　　图3-230　　　图3-231　　　图3-232

（7）选择"矩形"工具，在适当的位置绘制一个矩形，设置矩形颜色的CMYK值为7、100、78、0，填充矩形，并去除矩形的轮廓线，效果如图3-233所示。

（8）选择"椭圆形"工具，在按住Ctrl键在适当的位置绘制一个圆形，设置圆形颜色的CMYK值为9、97、67、0，填充圆形，并去除圆形的轮廓线，如图3-234所示。

（9）选择"矩形"工具，在适当的位置绘制一个矩形，如图3-235所示。在属性栏中将"转角半径"选项均设置为10.0mm，按Enter键，如图3-236所示。设置图形颜色的CMYK值为7、100、78、0，填充图形，并去除图形的轮廓线，如图3-237所示。

（10）按Ctrl+PageDown组合键，将图形向后移一层，如图3-238所示。按数字键盘上的＋键，复制图形。选择"选择"工具，按住Shift键水平向右拖曳复制的图形到适当的位置，如图3-239所示。向下拖曳圆角矩形下边中间的控制点到适当的位置，调整圆角矩形的大小，如图 3-240 所示。

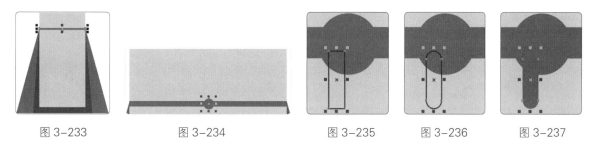

图 3-233　　　　　　图 3-234　　　　　　图 3-235　　　图 3-236　　　图 3-237

（11）选择"椭圆形"工具 ◯，按住 Ctrl 键在适当的位置绘制一个圆形，设置圆形颜色的 CMYK 值为 7、100、78、0，填充圆形，并去除圆形的轮廓线，如图 3-241 所示。

（12）按数字键盘上的 + 键，复制圆形。选择"选择"工具 ，按住 Shift 键，拖曳圆形右上角的控制点，等比例缩小圆形，如图 3-242 所示。设置圆形颜色的 CMYK 值为 86、82、42、6，填充圆形，如图 3-243 所示。

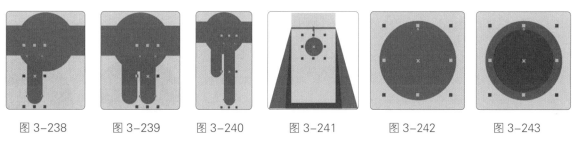

图 3-238　　　图 3-239　　　图 3-240　　　图 3-241　　　图 3-242　　　图 3-243

（13）选择"网状填充"工具 ，在圆形的圆心位置单击，添加网格，如图 3-244 所示。选择"窗口 > 泊坞窗 > 彩色"命令，弹出"颜色泊坞窗"对话框，其中的设置如图 3-245 所示。单击"填充"按钮，如图 3-246 所示。选择"椭圆形"工具 ◯，按住 Shift+Ctrl 组合键，以大圆的圆心为圆心绘制一个圆形，如图 3-247 所示。

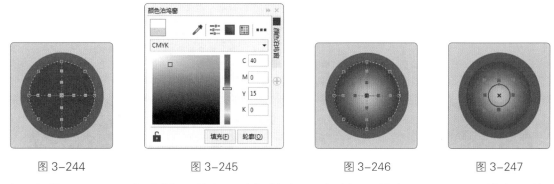

图 3-244　　　　　　图 3-245　　　　　　图 3-246　　　　　　图 3-247

（14）按 Shift+F11 组合键，弹出"编辑填充"对话框，单击"PostScript 填充"按钮 ，切换到相应的对话框中，选择需要的 PostScript 底纹样式，其他设置如图 3-248 所示。单击"确定"按钮，填充圆形，并去除圆形的轮廓线，如图 3-249 所示。

（15）选择"矩形"工具 ◻，在适当的位置绘制一个矩形，填充矩形为黑色，并去除矩形的轮廓线，效果如图 3-250 所示。在属性栏中设置"转角半径"的数值，如图 3-251 所示。按 Enter 键，效果如图 3-252 所示。

图 3-248　　　　　　　　　　　　　　　　　　　　图 3-249

图 3-250　　　　　　　　　图 3-251　　　　　　　　图 3-252

（16）选择"贝塞尔"工具，在适当的位置绘制不
规则图形，如图 3-253 所示。选择"选择"工具，按住
Shift 键，同时选择绘制的图形，设置图形颜色的 CMYK 值
为 44、0、15、0，填充图形，并去除图形的轮廓线，如图 3-254
所示。

图 3-253　　　图 3-254

（17）选择"2 点线"工具，按住 Ctrl 键在适当的位
置绘制一条竖线，如图 3-255 所示。按 F12 键，弹出"轮廓笔"对话框，在"颜色"下拉列
表中设置轮廓线颜色的 CMYK 值为 0、0、0、100，其他设置如图 3-256 所示。单击"确定"
按钮，效果如图 3-257 所示。

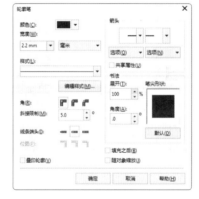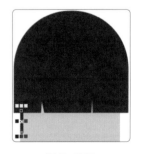

图 3-255　　　　　　　　　　图 3-256　　　　　　　　　　图 3-257

（18）按数字键盘上的 + 键，复制竖线。选择"选择"工具，按住 Shift 键水平向右
拖曳复制的竖线到适当的位置，如图 3-258 所示。选择"贝塞尔"工具，在适当的位置绘
制一条曲线，如图 3-259 所示。

（19）选择"属性滴管"工具 ✐，将鼠标指针放置在左侧的竖线上，鼠标指针变为 ✐ 形状，如图 3-260 所示。在竖线上单击以吸取属性，鼠标指针变为 ◆ 形状，在曲线上单击，填充图形，如图 3-261 所示。

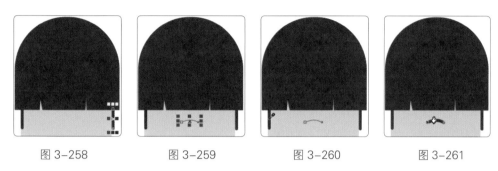

| 图 3-258 | 图 3-259 | 图 3-260 | 图 3-261 |

（20）选择"选择"工具 ▶，用圈选的方法将绘制的图形全部选中。按 Ctrl+G 组合键，将图形群组，拖曳群组图形到页面中适当的位置，如图 3-262 所示。

（21）选择"对象 > PowerClip > 置于图文框内部"命令，鼠标指针变为 ▶ 形状，如图 3-263 所示。在圆形背景上单击，将图形置入圆形背景中，T恤图案插画绘制完成，如图 3-264 所示。

| 图 3-262 | 图 3-263 | 图 3-264 |

3.2.5 扩展实践：绘制蔬果插画

使用"矩形"工具 □ 和"向量图样填充"按钮 ▦ 绘制插画的背景效果；使用"贝塞尔"工具 ✐、"椭圆形"工具 ○、"矩形"工具 □、"编辑填充"工具 ✍ 和"向量图样填充"按钮 ▦ 绘制蔬菜；使用"文本"工具 字 添加文字。最终效果参见云盘中的"Ch03 > 效果 > 绘制蔬果插画"文件，如图 3-265 所示。

图 3-265

微课

绘制蔬果插画1

微课

绘制蔬果插画2

微课

绘制蔬果插画3

任务 3.3   项目演练：绘制家电 App 引导页插画

微课
绘制家电App引导页插画1

微课
绘制家电App引导页插画2

3.3.1   任务引入

本任务是为家电 App 绘制引导页插画，用于产品的宣传和推广。要求设计时通过简洁的图形突出宣传的主题，并体现出平台的特点。

3.3.2   设计理念

绘制时，通过淡黄色的背景突出宣传主体，展现出电器现代、简约的特点；画面整体色彩明亮，易吸引顾客的注意。最终效果参看云盘中的"Ch03 > 效果 > 绘制家电 App 引导页插画"文件，如图 3-266 所示。

图 3-266

项目4

制作精美图书
——图书封面设计

　　一本好书是好的内容和好的设计的完美结合，优秀的图书封面设计可以带给读者更多的阅读乐趣。通过本项目的学习，读者可以掌握图书封面的设计方法和制作技巧。

学习引导

知识目标
- 了解图书设计的概念和原则
- 熟悉图书封面的设计流程

能力目标
- 熟悉图书封面的设计思路
- 掌握图书封面的制作方法和技巧

素养目标
- 培养对图书封面设计的创新思维
- 培养对图书封面的审美与鉴赏能力

实训项目
- 制作美食图书封面
- 制作旅游图书封面

相关知识：图书设计基础

1 图书设计的概念

图书设计是指图书的整体设计，包括图书从策划、设计到成书过程中的整体设计工作。图书设计是使书籍从开本、封面、版面、字体、插画，到纸张、印刷、装订和材料等各部分都保持和谐一致的视觉艺术设计，目的是使读者在阅读的同时获得美的享受。图 4-1 所示为图书的外观和内容。

图 4-1

2 图书设计的原则

图书设计的原则包括实用与美观的结合，整体与局部的和谐，内容与形式的统一，艺术与技术的呈现，如图 4-2 所示。

图 4-2

3 图书设计的流程

图书设计的流程包括设计调研与考察、资料搜集与整理、创意构思与草图绘制、确认设计方案与调整、作品制作。图 4-3 所示为确认设计方案与调整、作品制作环节示意。

图 4-3

④ 图书的结构

书籍的结构一般包括封面、封底、书脊、腰封、勒口、订口、环衬、扉页等，如图 4-4 所示。

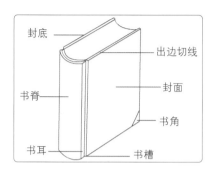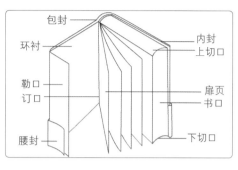

图 4-4

任务 4.1 制作美食图书封面

微课 微课
制作美食图书 制作美食图书
封面1 封面2

4.1.1 任务引入

本任务是为一本美食图书《面包师》制作封面。该书的内容是面包烘焙工艺介绍，要求封面以面包图案为主要内容，并且合理搭配用色，使图书看起来更具特色。

4.1.2 设计理念

设计时，封面以面包实物照片为主，体现出本书的特色，搭配简洁的文字增加了画面的丰富感；封底也采用实景照片，和封面风格统一；封面整体色调温暖、复古，提升了亲和力与舒适感。最终效果参看云盘中的"Ch04 > 效果 > 制作美食图书封面"文件，如图 4-5 所示。

图 4-5

4.1.3 任务知识："调整"和"插入字符"命令

① 创建文本

CorelDRAW X8 中的文本有两种类型，分别是美术字文本和段落文本。它们在使用方法、编辑格式、特殊效果等方面有很大的区别。

◎ 输入美术字文本

选择"文本"工具 字，在页面中单击，出现"I"形光标，这时在属性栏中选择字体，设置字号和文本属性，如图 4-6 所示。设置好后，直接输入美术字文本，如图 4-7 所示。

图 4-6　　　　　　　　　　　　　　　　　图 4-7

◎ 输入段落文本

选择"文本"工具 字，按住鼠标左键，在页面中沿对角线拖曳，出现一个矩形的文本框，松开鼠标左键，文本框如图 4-8 所示。在属性栏中选择字体，设置字号和文本属性，如图 4-9 所示。设置好后，直接在文本框中输入段落文本，效果如图 4-10 所示。

图 4-8　　　　　　　　　　图 4-9　　　　　　　　　　图 4-10

利用"剪切""复制""粘贴"命令，可以将其他文本处理软件（如 Office）中的文本复制到 CorelDRAW X8 的文本框中。

◎ 转换文本类型

使用"选择"工具 选择美术字文本，如图 4-11 所示。选择"文本 > 转换为段落文本"命令，或按 Ctrl+F8 组合键，可以将其转换为段落文本，如图 4-12 所示。再次按 Ctrl+F8 组合键，可以将其转换为美术字文本，如图 4-13 所示。

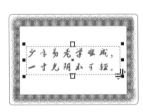

图 4-11　　　　　　　　　　图 4-12　　　　　　　　　　图 4-13

　　　　　　将美术字文本转换为段落文本后，此时的文本就不是图形了，不能对其进行特殊效果的操作。将段落文本转换为美术字文本后，此时的文本会失去段落文本的格式。

提示

❷ 插入字符

选择"文本"工具 字，在文本中需要插入字符的位置单击以插入光标，如图 4-14 所示。

选择"文本 > 插入字符"命令，或按 Ctrl+F11 组合键，弹出"插入字符"泊坞窗，在需要的字符上双击，或选择需要的字符后单击"复制"按钮，如图 4-15 所示。按 Ctrl+V 组合键，将字符插入文本中，如图 4-16 所示。

图 4-14

图 4-15

图 4-16

❸ 调整亮度、对比度和强度

打开一个要调整色调的图形，如图 4-17 所示。选择"效果 > 调整 > 亮度 / 对比度 / 强度"命令，或按 Ctrl+B 组合键，弹出"亮度 / 对比度 / 强度"对话框，拖曳滑块可以设置各选项的数值，如图 4-18 所示。设置好后，单击"确定"按钮，图形的调整效果如图 4-19 所示。

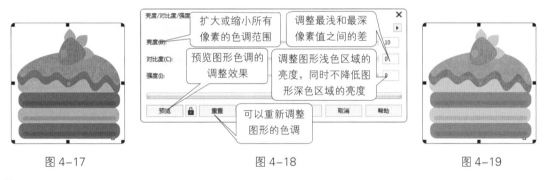

图 4-17　　　　　　　　　　图 4-18　　　　　　　　　　图 4-19

❹ 调整颜色平衡

打开一个要调整色调的图形，如图 4-20 所示。选择"效果 > 调整 > 颜色平衡"命令，或按 Ctrl+Shift+B 组合键，弹出"颜色平衡"对话框，拖曳滑块可以设置各选项的数值，如图 4-21 所示。设置好后，单击"确定"按钮，图形的调整效果如图 4-22 所示。

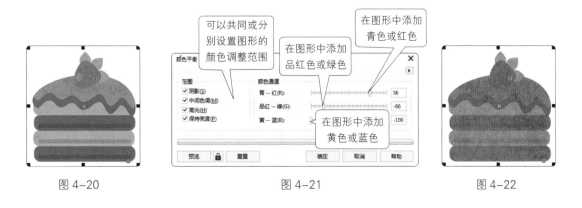

图 4-20　　　　　　　　　　图 4-21　　　　　　　　　　图 4-22

5 调整色度、饱和度和亮度

打开一个要调整色调的图形，如图4-23所示。选择"效果 > 调整 > 色度/饱和度/光度"命令，或按Ctrl+Shift+U组合键，弹出"色度/饱和度/亮度"对话框，拖曳滑块可以设置色度、饱和度或亮度的数值，如图4-24所示。设置好后，单击"确定"按钮，图形的调整效果如图4-25所示。

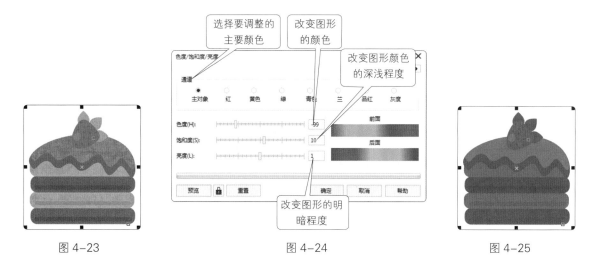

图4-23　　　　　　　　　　　　　图4-24　　　　　　　　　　　　　图4-25

4.1.4　任务实施

1 制作封面

（1）打开Corel DRAW X8，按Ctrl+N组合键，弹出"创建新文档"对话框，设置文档的宽度为440 mm、高度为285 mm、方向为横向、原色模式为CMYK、分辨率为300 dpi，单击"确定"按钮，创建一个文档。

（2）按Ctrl+J组合键，弹出"选项"对话框，选择"文档 > 页面尺寸"选项，设置"出血"的数值为3.0，勾选"显示出血区域"复选框，如图4-26所示。单击"确定"按钮，页面效果如图4-27所示。

（3）选择"视图 > 标尺"命令，在视图中显示标尺。选择"选择"工具，从左侧标尺上拖曳出一条垂直辅助线，在属性栏中将"X位置"设置为210 mm，按Enter键，如图4-28所示。用相同的方法，在230 mm的位置上添加一条垂直辅助线，在页面空白处单击，如图4-29所示。

（4）按Ctrl+I组合键，弹出"导入"对话框，选择云盘中的"Ch04 > 素材 > 制作美食图书封面 > 01"文件。单击"导入"按钮，在页面中单击以导入图片，选择"选择"工具。拖曳图片到适当的位置，效果如图4-30所示。

（5）选择"效果 > 调整 > 色度/饱和度/亮度"命令，在弹出的对话框中进行设置，如图4-31所示。单击"确定"按钮，效果如图4-32所示。

（6）选择"效果 > 调整 > 亮度/对比度/强度"命令，在弹出的对话框中进行设置，如图4-33所示。单击"确定"按钮，效果如图4-34所示。

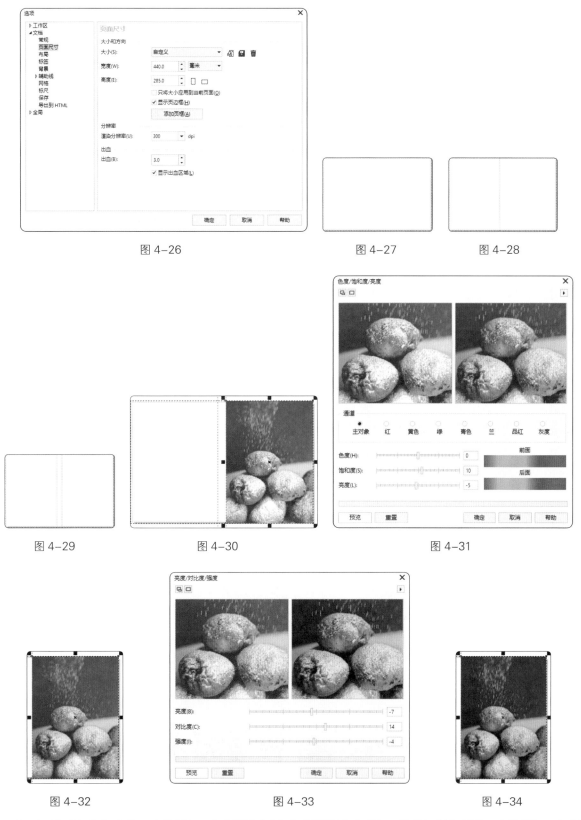

图 4-26   图 4-27   图 4-28

图 4-29   图 4-30   图 4-31

图 4-32   图 4-33   图 4-34

（7）选择"文本"工具字，在封面中输入需要的文字。选择"选择"工具，在属性栏中选择适当的字体并设置文字大小，填充文字为白色，如图4-35所示。选择文字"面包师"，选择"文本 > 文本属性"命令，在弹出的"文本属性"泊坞窗中进行设置，如图4-36所示。

按 Enter 键，效果如图 4-37 所示。

图 4-35　　　　　　　　　　　　图 4-36　　　　　　　　　　　　图 4-37

（8）选择文字"烘焙攻略"，"文本属性"泊坞窗中的设置如图 4-38 所示。按 Enter 键，效果如图 4-39 所示。

图 4-38　　　　　　　　　　　　　　　图 4-39

（9）选择"椭圆形"工具◯，按住 Ctrl 键在适当的位置绘制一个圆形，如图 4-40 所示。按数字键盘上的 + 键，复制圆形。选择"选择"工具▶，按住 Shift 键水平向右拖曳复制的圆形到适当的位置，如图 4-41 所示。连续按 Ctrl+D 组合键，再复制两个圆形，如图 4-42 所示（为了方便读者观看，这里以白色显示圆形的轮廓线）。

（10）选择"矩形"工具▢，在适当的位置绘制一个矩形，如图 4-43 所示。选择"选择"工具▶，按住 Shift 键依次单击矩形下方的圆形，将其同时选中，如图 4-44 所示。单击属性栏中的"合并"按钮▢，合并图形，如图 4-45 所示。

图 4-40　　　　图 4-41　　　　图 4-42　　　　图 4-43　　　　图 4-44　　　　图 4-45

（11）保持图形的选中状态。设置图形颜色的 CMYK 值为 0、90、100、0，填充图形，并去除图形的轮廓线，如图 4-46 所示。按 Ctrl+PageDown 组合键，将图形向后移一层，如图 4-47 所示。

（12）选择"文本"工具字，在适当的位置输入需要的文字。选择"选择"工具▶，在属性栏中选择适当的字体并设置文字大小，填充文字为白色，如图4-48所示。选择文字"109道手工面包"，"文本属性"泊坞窗中的设置如图4-49所示。按Enter键，效果如图4-50所示。

图4-46　　　　　　　　图4-47　　　　　　　　图4-48

图4-49　　　　　　　　　　　　　　　图4-50

（13）选择需要的文字，单击属性栏中的"文本对齐"按钮，在弹出的下拉列表中选择"右"选项，如图4-51所示。文本右对齐的效果如图4-52所示。选择"文本"工具，在文字"纳"右侧单击，插入光标，如图4-53所示。

图4-51

（14）选择"文本 > 插入字符"命令，弹出"插入字符"泊坞窗，在该泊坞窗中按需要进行设置并选择需要的字符，如图4-54所示。双击选择的字符，插入字符，如图4-55所示。

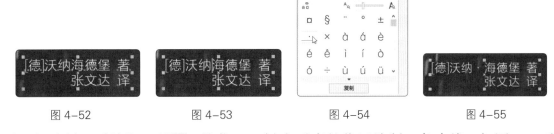

图4-52　　　　　　图4-53　　　　　　图4-54　　　　　　图4-55

（15）选择"手绘"工具，按住Ctrl键在适当的位置绘制一条直线，如图4-56所示。按F12键，弹出"轮廓笔"对话框，在"颜色"下拉列表中设置轮廓线颜色为白色，其他设置如图4-57所示。单击"确定"按钮，效果如图4-58所示。

（16）选择"矩形"工具，在适当的位置绘制一个矩形，如图4-59所示。在属性栏中将"转角半径"均设置为8.0 mm，如图4-60所示。按Enter键，效果如图4-61所示。

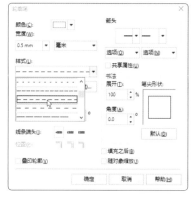

图 4-56   图 4-57   图 4-58

图 4-59   图 4-60   图 4-61

（17）选择"椭圆形"工具 ○，在适当的位置绘制一个椭圆形，如图 4-62 所示。选择"选择"工具 ▶，按住 Shift 键，单击椭圆形下方的圆角矩形，将其同时选中，如图 4-63 所示。单击属性栏中的"合并"按钮 ⤵，合并图形，如图 4-64 所示。

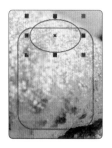

图 4-62   图 4-63   图 4-64

（18）按 Alt+F9 组合键，弹出"变换"泊坞窗，其中的设置如图 4-65 所示。单击"应用"按钮，缩小并复制图形，如图 4-66 所示。

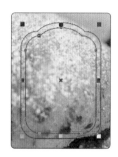

图 4-65   图 4-66

（19）按 F12 键，弹出"轮廓笔"对话框，在"颜色"下拉列表中设置轮廓线颜色的 CMYK 值为 0、90、100、0，其他设置如图 4-67 所示。单击"确定"按钮，效果如图 4-68 所示。

（20）选择"椭圆形"工具○，按住 Ctrl 键在适当的位置绘制一个圆形，如图 4-69 所示。选择"选择"工具▶，按住 Shift 键单击圆形后方需要的图形，将其同时选中，如图 4-70 所示。单击属性栏中的"移除前面对象"按钮，将两个图形剪切为一个图形，如图 4-71 所示。填充图形为白色，并去除图形的轮廓线，如图 4-72 所示。

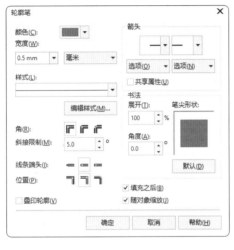
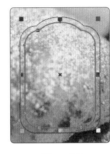

图 4-67　　　　　　　　图 4-68　　　　　图 4-69　　　　　图 4-70

（21）选择"贝塞尔"工具✐，在适当的位置绘制一条曲线，如图 4-73 所示。选择"属性滴管"工具✐，将鼠标指针放置在曲线下方的图形轮廓上，鼠标指针变为✐形状，如图 4-74 所示。在图形轮廓上单击，吸取属性，鼠标指针变为◇形状，在需要的图形上单击，填充图形，如图 4-75 所示。

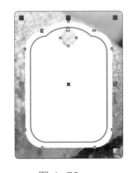

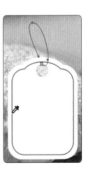

图 4-71　　　　　图 4-72　　　　　图 4-73　　　　　图 4-74　　　　　图 4-75

（22）选择"文本"工具字，在适当的位置输入需要的文字。选择"选择"工具▶，在属性栏中选择适当的字体并设置文字大小，效果如图 4-76 所示。设置文字颜色的 CMYK 值为 65、96、100、62，填充文字，如图 4-77 所示。"文本属性"泊坞窗中的设置如图 4-78 所示。按 Enter 键，效果如图 4-79 所示。

（23）选择"矩形"工具□，在适当的位置绘制一个矩形，设置矩形颜色的 CMYK 值为 0、90、100、0，填充矩形，并去除矩形的轮廓线，如图 4-80 所示。

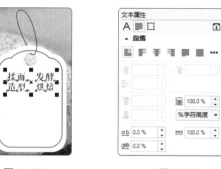

图 4-76　　　　　　图 4-77　　　　　　图 4-78　　　　　　图 4-79

（24）选择"文本"工具 **字**，在适当的位置输入需要的文字。选择"选择"工具 ，在属性栏中选择适当的字体并设置文字大小，填充文字为白色，如图 4-81 所示。

（25）选择文字"手工面包"，"文本属性"泊坞窗中的设置如图 4-82 所示。按 Enter 键，效果如图 4-83 所示。

图 4-80　　　　　　图 4-81　　　　　　图 4-82　　　　　　图 4-83

（26）选择"椭圆形"工具 ，按住 Ctrl 键在适当的位置绘制一个圆形，设置圆形的轮廓线为白色，如图 4-84 所示。

图 4-84

（27）选择"文本"工具 **字**，在适当的位置输入需要的文字。选择"选择"工具 ，在属性栏中选择适当的字体并设置文字大小，如图 4-85 所示。设置文字颜色的 CMYK 值为 0、90、100、0，填充文字，如图 4-86 所示。

（28）单击属性栏中的"文本对齐"按钮 ，在弹出的下拉列表中选择"居中"选项，如图 4-87 所示。文本居中对齐的效果如图 4-88 所示。选择"文本"工具 **字**，选择文字"看视频"，在属性栏中设置文字大小，如图 4-89 所示。

图 4-85　　　　　　图 4-86　　　　　　图 4-87　　　　　　图 4-88　　　　　　图 4-89

（29）选择"选择"工具 ，用圈选的方法同时选择图形和文字，按 Ctrl+G 组合键，将图形群组，如图 4-90 所示。在属性栏的"旋转角度"文本框中设置数值为 16，按 Enter 键，如图 4-91 所示。

（30）选择"阴影"工具▣，按住鼠标左键，在图形中由上至下拖曳鼠标指针，为图形添加阴影效果，属性栏中的设置如图4-92所示。按Enter键，效果如图4-93所示。

（31）选择"文本"工具字，在适当的位置输入需要的文字。选择"选择"工具▶，在属性栏中选择适当的字体并设置文字大小，填充文字为白色，如图4-94所示。

图4-90

图4-91

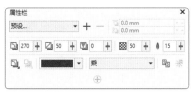
图4-92

图4-93

图4-94

② 制作封底和书脊

（1）按Ctrl+I组合键，弹出"导入"对话框，选择云盘中的"Ch04 > 素材 > 制作美食图书封面 > 02"文件。单击"导入"按钮，在页面中单击以导入图片。选择"选择"工具▶，拖曳图片到适当的位置，如图4-95所示。

（2）选择"效果 > 调整 > 亮度 / 对比度 / 强度"命令，在弹出的对话框中进行设置，如图4-96所示。单击"确定"按钮，如图4-97所示。

图4-95

图4-96

图4-97

（3）选择"矩形"工具▢，在适当的位置绘制一个矩形，填充矩形为黑色，并去除矩形的轮廓线，如图4-98所示。选择"透明度"工具▦，在属性栏中单击"均匀透明度"按钮▣，属性栏中的其他设置如图4-99所示。按Enter键，效果如图4-100所示。

（4）选择"文本"工具字，在适当的位置添加一个文本框。在文本框中输入需要的文字，在属性栏中选择适当的字体并设置文字大小，填充文字为白色，如图4-101所示。

图 4-98　　　　　　　　　　图 4-99　　　　　　　　　　图 4-100　　　　　　　　图 4-101

（5）在"文本属性"泊坞窗中，单击"两端对齐"按钮▤，其他设置如图 4-102 所示。按 Enter 键，效果如图 4-103 所示。

（6）选择"矩形"工具▢，在适当的位置绘制一个矩形，填充矩形为白色，并去除矩形的轮廓线，如图 4-104 所示。选择"文本"工具字，在适当的位置输入需要的文字。选择"选择"工具▸，在属性栏中选择适当的字体并设置文字大小，如图 4-105 所示。

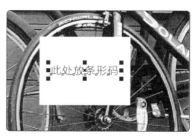

图 4-102　　　　　　　　图 4-103　　　　　　　　图 4-104　　　　　　　　图 4-105

（7）选择"矩形"工具▢，在适当的位置绘制一个矩形，如图 4-106 所示。设置矩形颜色的 CMYK 值为 0、90、100、0，填充矩形，并去除矩形的轮廓线，如图 4-107 所示。

（8）选择"选择"工具▸，在封面中选择需要的图形，如图 4-108 所示。按数字键盘上的 + 键，复制图形。向左拖曳复制的图形到书脊中，拖曳图形右上角的控制点，等比例缩小图形。按 Shift+PageUp 组合键，将图形移至图层前面，填充图形为白色，如图 4-109 所示。在属性栏的"旋转角度"文本框中设置数值为 –90，按 Enter 键，效果如图 4-110 所示。

（9）用相同的方法复制封面中的其他图形和文字到书脊中，并填充相应的颜色，如图 4-111 所示。美食图书封面制作完成，效果如图 4-112 所示。

图 4-106　　　　　　　　　图 4-107　　　　　　　　　图 4-108

图 4-109　　　　　　图 4-110　　　图 4-111　　　　　　图 4-112

4.1.5　扩展实践：制作极限运动图书封面

　　使用"导入"命令、"矩形"工具口、"置于图文框内部"命令和"色度 / 饱和度 / 亮度"命令制作图书封面的底图；使用"文本"工具字、"文本属性"泊坞窗添加封面中的书名及其他内容；使用"阴影"工具口为文字添加阴影效果；使用"插入字符"命令添加字符。最终效果参看云盘中的"Ch04 > 效果 > 制作极限运动图书封面"文件，如图 4-113 所示。

微课

制作极限运动
图书封面

图 4-113

任务 4.2　制作旅游图书封面

微课　　　　微课

制作旅游图书　　制作旅游图书
封面1　　　　封面2

4.2.1　任务引入

　　本任务是为旅游图书设计封面。要求设计风格大气、独特，能令该书在众多同类书中脱颖而出。

4.2.2　设计理念

　　设计时，封面、封底以一整张实景图片为背景，更好地展现壮丽风光，突出主题；封面文字经过简单的设计，使书名更加醒目，搭配书中重点内容介绍，达到宣传的效果。最终效果

图 4-114

参看云盘中的"Ch04 > 效果 > 制作旅游图书封面"文件，如图 4-114 所示。

4.2.3 任务知识："调和"工具、图形的编辑

① 调和效果

"调和"工具 是 CorelDRAW X8 中应用最广泛的工具之一。调和效果可以在图形间产生形状、颜色的平滑变化。下面具体讲解调和效果的制作方法。

打开两个要制作调和效果的图形，如图 4-115 所示。选择"调和"工具 ，将鼠标指针移至左边的图形上，鼠标指针变为 形状，按住鼠标左键并拖曳鼠标指针到右边的图形上，如图 4-116 所示。松开鼠标左键，两个图形的调和效果如图 4-117 所示。

图 4-115

图 4-116

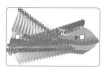
图 4-117

属性栏如图 4-118 所示，其中部分按钮、选项的含义如下。

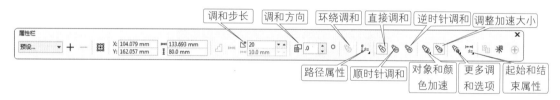
图 4-118

- "调和步长"数值框 ：设置调和的步长，效果如图 4-119 所示。
- "调和方向"数值框 ：设置调和的旋转角度，效果如图 4-120 所示。
- "环绕调和"按钮 ：除了调和的图形自身旋转外，还将以起点图形和终点图形的中间位置为旋转中心做旋转分布，如图 4-121 所示。
- "直接调和"按钮 、"顺时针调和"按钮 、"逆时针调和"按钮 ：设置调和图形之间颜色过渡的方向，效果如图 4-122 所示。

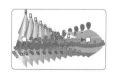
图 4-119

图 4-120

图 4-121

顺时针调和

逆时针调和

图 4-122

- "对象和颜色加速"按钮 ：调整图形和颜色的加速属性。单击此按钮，弹出图 4-123 所示的对话框，在其中拖曳滑块到需要的位置，图形加速调和效果如图 4-124 所示，颜色加速调和效果如图 4-125 所示。
- "调整加速大小"按钮 ：设置调和的加速属性。

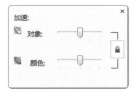

图 4-123

图 4-124

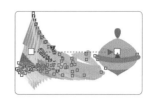

图 4-125

- "起始和结束属性"按钮▣▣：显示或重新设置调和的起始及终止图形。
- "路径属性"按钮▣▣：使调和图形沿绘制好的路径分布。单击此按钮，弹出图 4-126 所示的下拉列表，选择"新路径"选项，鼠标指针变为✐形状，在新绘制的路径上单击，如图 4-127 所示。沿路径进行调和的效果如图 4-128 所示。

图 4-126

图 4-127

图 4-128

- "更多调和选项"按钮▣：可以进行更多的调和设置。单击此按钮，弹出图 4-129 所示的下拉列表。选择"映射节点"选项，可指定起始图形的某一节点与终止图形的某一节点对应，以产生特殊的调和效果。选择"拆分"选项，可将过渡图形分割成独立的图形，并可与其他图形进行再次调和。选择"沿全路径调和"选项，可以使调和图形自动充满整个路径。选择"旋转全部对象"选项，可以使调和图形的方向与路径一致。

图 4-129

2 图形的编辑

在 CorelDRAW X8 中，可以使用强大的图形对象编辑功能对图形对象进行编辑，其中包括对象的多种选取方式，图形的缩放、移动、镜像、复制和删除，以及图形的调整。本节将讲解多种编辑图形的方法和技巧。

◎ 图形的选择

在 CorelDRAW X8 中，新建一个图形后，一般该图形呈选中状态，其周围出现圈选框，圈选框由 8 个控制点组成，图形的中心有一个"×"形状的中心标记。图形的选中状态如图 4-130 所示。

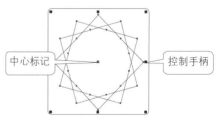

图 4-130

提示

在 CorelDRAW X8 中，如果要编辑一个图形，首先要选择这个图形。当选择多个图形时，多个图形共用一个圈选框。要取消图形的选中状态，只要在页面中的其他位置单击或按 Esc 键即可。

● 用鼠标点选的方法选择图形

选择"选择"工具，在要选择的图形上单击，即可以选择该图形。

要选择多个图形，按住 Shift 键在要选择的图形上依次单击即可，效果如图 4-131 所示。

● 用鼠标圈选的方法选择图形

选择"选择"工具，按住鼠标左键，在页面中要选择的图形外围拖曳鼠标指针，会出现一个蓝色的虚线圈选框，如图 4-132 所示。在圈选框完全圈选住需要的图形后松开鼠标左键，被圈选的图形处于选中状态，如图 4-133 所示。用圈选的方法可以同时选择一个或多个图形。

在圈选的同时按住 Alt 键，蓝色的虚线圈选框如图 4-134 所示，与圈选框接触的图形都将被选择，如图 4-135 所示。

图 4-131　　　　图 4-132　　　　图 4-133　　　　图 4-134　　　　图 4-135

● 使用命令选择图形

选择"编辑 > 全选"子菜单下的命令可选择图形。按 Ctrl+A 组合键，可以选择页面中的全部图形。

提示

当页面中有多个图形时按 Space 键，可以快速选择"选择"工具；连续按 Tab 键，可以依次选择下一个图形；按住 Shift 键，连续按 Tab 键，可以依次选择上一个图形；按住 Ctrl 键，用鼠标单击可以选择群组中的单个图形。

◎ 图形的缩放

● 使用鼠标缩放图形

使用"选择"工具选择要缩放的图形，该图形的周围出现控制点。

拖曳控制点可以缩放图形。拖曳对角线上的控制点可以按比例缩放图形，如图 4-136 所示。拖曳非对角线上的控制点可以不按比例缩放图形，如图 4-137 所示。

图 4-136　　　　　　　　　　　　　　　图 4-137

在拖曳对角线上的控制点时按住 Ctrl 键，图形会以 100% 的比例缩放；按住 Shift+Ctrl 组合键，图形会以 100% 的比例从中心缩放。

● 使用"自由变换"工具缩放图形

选择要缩放的图形，其周围出现控制点。选择"选择"工具 拓展工具栏中的"自由变换"工具 ，单击"自由缩放"按钮 ，属性栏如图 4-138 所示。

图 4-138

如果按下"缩放因子"选项后的小锁图标 ，则图形的宽度和高度将按比例缩放，只要改变宽度和高度中的一个值，另一个值就会自动按比例调整。

图 4-139

在属性栏中设置好图形的宽度和高度后，按 Enter 键完成图形的缩放，缩放的效果如图 4-139 所示。

● 使用"变换"泊坞窗缩放图形

使用"选择"工具 选择要缩放的图形，如图 4-140 所示。选择"窗口>泊坞窗>变换>大小"命令，或按 Alt+F10 组合键，弹出"变换"泊坞窗，如图 4-141 所示。

图 4-142 所示的是"变换"泊坞窗中可供选择的 8 个控制点的位置，单击其中一个控制点可以定义一个在缩放图形时保持固定不动的点，缩放的图形将基于这个点进行缩放，这个点可以决定缩放后的图形与原图形的相对位置。

图 4-140

设置好需要的数值，如图 4-143 所示。单击"应用"按钮，图形的缩放完成，如图 4-144 所示。

选择"窗口>泊坞窗>变换>缩放和镜像"命令，或按 Alt+F9 组合键，在弹出的"变换"泊坞窗中可以对图形进行缩放。

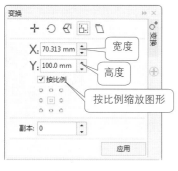

图 4-141

图 4-142

图 4-143

图 4-144

◎ 图形的移动

● 使用工具和键盘移动图形

选择要移动的图形，如图 4-145 所示。使用"选择"工具 或其他绘图工具，将鼠标指针移到图形的中心点，鼠标指针将变为 形状，如图 4-146 所示。按住鼠标左键，拖曳图形到需要的位置，松开鼠标左键，完成图形的移动，如图 4-147 所示。

图 4-145　　　　　　图 4-146　　　　　　图 4-147

选择要移动的图形，用键盘上的方向键可以微调图形的位置，在使用系统默认值时，图形将以 0.1mm 的距离移动。选择"选择"工具 后不选择任何图形，在属性栏的"微调距离" 数值框中可以设置每次微调图形移动的距离。

● 使用属性栏移动图形

选择要移动的图形，在属性栏的"对象的位置" X: 45.068 mm Y: 93.79 mm 数值框中输入图形要移动到的新位置的横坐标和纵坐标，可以移动图形。

● 使用"变换"泊坞窗移动图形

选择要移动的图形，选择"窗口 > 泊坞窗 > 变换 > 位置"命令，或按 Alt+F7 组合键，打开"变换"泊坞窗，在其中设置好后，单击"应用"按钮或按 Enter 键，完成图形的移动。移动前后图形的位置如图 4-148 所示。

◎ 图形的镜像

镜像效果经常应用于设计作品中。在 CorelDRAW X8 中，可以使用多种方法使图形沿水平、垂直或对角线的方向做镜像翻转。

  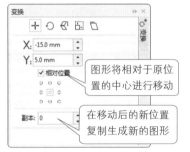 

图 4-148

● 使用鼠标镜像图形

使用"选择"工具 选择要镜像的图形，如图 4-149 所示。按住鼠标左键向相对方向拖曳控制点到适当的位置，直到显示图形的蓝色虚线框，如图 4-150 所示，松开鼠标左键就可以得到该图形的镜像图形，如图 4-151 所示。

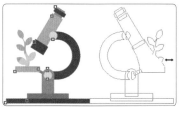

图 4-149　　　　　　　图 4-150　　　　　　　图 4-151

　　按住 Ctrl 键，向相对方向拖曳左边或右边中间的控制点到适当的位置，可以得到保持原图形比例的水平镜像图形，如图 4-152 所示。按住 Ctrl 键，向相对方向拖曳上边或下边中间的控制点到适当的位置，可以得到保持原图形比例的垂直镜像图形，如图 4-153 所示。按住 Ctrl 键，向相对方向拖曳对角线上的控制点到适当的位置，可以得到保持原图形比例的沿对角线方向的镜像图形，如图 4-154 所示。

提示

在对图形进行镜像操作的过程中，只能使图形本身产生镜像图形。如果想产生图 4-152、图 4-153、图 4-154 所示的效果，就要在镜像图形的位置生成一个复制图形。在松开鼠标左键之前单击鼠标右键，就可以在镜像图形的位置生成一个复制图形。

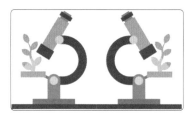

图 4-152　　　　　　　　图 4-153　　　　图 4-154

- 使用属性栏镜像图形

选择要镜像的图形，如图 4-155 所示。属性栏如图 4-156 所示。

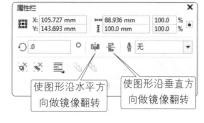

图 4-155　　　　　　　　　　　　图 4-156

- 使用"变换"泊坞窗镜像图形

选择要镜像的图形，选择"窗口 > 泊坞窗 > 变换 > 缩放和镜像"命令，或按 Alt+F9 组合键，弹出"变换"泊坞窗，在其中设置好需要的数值，单击"应用"按钮即可得到镜像图形。

还可以生成一个变形的镜像图形。在"变换"泊坞窗进行图 4-157 所示的设置，设置好后，单击"应用到再制"按钮，即可生成一个变形的镜像图形，如图 4-158 所示。

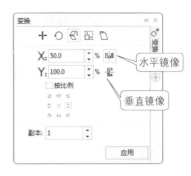
水平镜像
垂直镜像

图 4-157

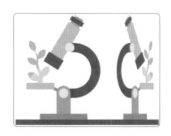

图 4-158

◎ 图形的旋转

● 使用鼠标旋转图形

使用"选择"工具选择要旋转的图形，该图形周围出现控制点。再次单击该图形，其周围出现旋转和倾斜控制手柄，如图 4-159 所示。

将鼠标指针移动到旋转控制手柄上，这时鼠标指针变为形状，如图 4-160 所示。按住鼠标左键并拖曳，旋转图形，旋转时会出现蓝色的虚线框用来指示旋转方向和角度，如图 4-161 所示。将图形旋转到需要的角度后松开鼠标左键，完成图形的旋转，如图 4-162 所示。

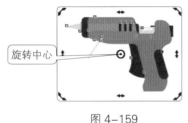
旋转中心

图 4-159　　　　　图 4-160　　　　　图 4-161　　　　　图 4-162

图形是围绕旋转中心旋转的，默认的旋转中心是图形的中心点，将鼠标指针移动到旋转中心上，按住鼠标左键拖曳旋转中心到需要的位置，松开鼠标左键，即可完成对旋转中心的移动。

● 使用属性栏旋转图形

选择要旋转的图形，如图 4-163 所示。在属性栏的"旋转角度"文本框中设置旋转的角度数值为 30.0，如图 4-164 所示。按 Enter 键，如图 4-165 所示。

设置旋转角度

图 4-163　　　　　　　图 4-164　　　　　　　图 4-165

● 使用"变换"泊坞窗旋转图形

选择要旋转的图形，如图 4-166 所示。选择"窗口 > 泊坞窗 > 变换 > 旋转"命令，或按 Alt+F8 组合键，弹出"变换"泊坞窗，如图 4-167 所示。

在"变换"泊坞窗中进行设置，如图 4-168 所示。单击"应用"按钮，图形旋转的效果如图 4-169 所示。

图 4-166

图 4-167

图 4-168

图 4-169

◎ 图形的倾斜变换

● 使用鼠标倾斜变形图形

使用"选择"工具 ⊾选择要倾斜变形的图形，该图形周围出现控制点。再次单击该图形，其周围出现旋转 ↗和倾斜 ↔控制手柄，如图 4-170 所示。

将鼠标指针移动到倾斜控制手柄上，鼠标指针变为 ⇄形状，如图 4-171 所示。按住鼠标左键并拖曳，变形图形，倾斜变形时会出现蓝色的虚线框用来指示倾斜变形的方向和角度，如图 4-172 所示。倾斜到需要的角度后，松开鼠标左键，图形倾斜变形的效果如图 4-173 所示。

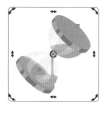
图 4-170

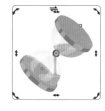
图 4-171

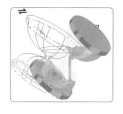
图 4-172

图 4-173

● 使用"变换"泊坞窗倾斜变形图形

选择要倾斜变形的图形，如图 4-174 所示。选择"窗口 > 泊坞窗 > 变换 > 倾斜"命令，弹出"变换"泊坞窗，如图 4-175 所示。

在"变换"泊坞窗中设置倾斜变形图形的数值，如图 4-176 所示。单击"应用"按钮，图形产生倾斜变形效果，如图 4-177 所示。

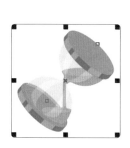
图 4-174

图 4-175

图 4-176

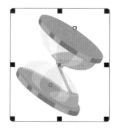
图 4-177

◎ 图形的复制

- 使用命令复制图形

选择要复制的图形，如图 4-178 所示。选择“编辑 > 复制”命令，或按 Ctrl+C 组合键，图形的副本将被放置在剪贴板中。选择“编辑 > 粘贴”命令，或按 Ctrl+V 组合键，图形的副本被粘贴到原图形的上面，其位置和原图形是相同的。使用鼠标移动图形，可以显示复制的图形，如图 4-179 所示。

提示

选择“编辑 > 剪切”命令，或按 Ctrl+X 组合键，图形将从页面中删除并被放置在剪贴板中。

- 使用鼠标拖曳复制图形

选择要复制的图形，如图 4-180 所示。将鼠标指针移动到图形的中心点上，鼠标指针变为形状，如图 4-181 所示。按住鼠标左键拖曳图形到需要的位置，如图 4-182 所示。在合适的位置单击鼠标右键，松开鼠标左键，图形的复制完成，如图 4-183 所示。

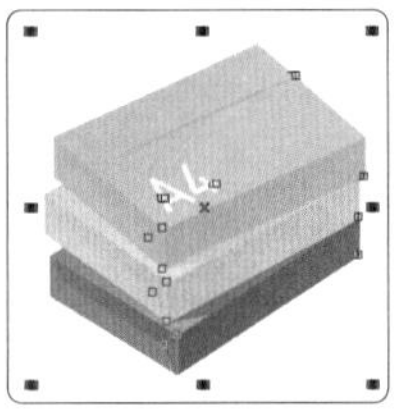

图 4–178

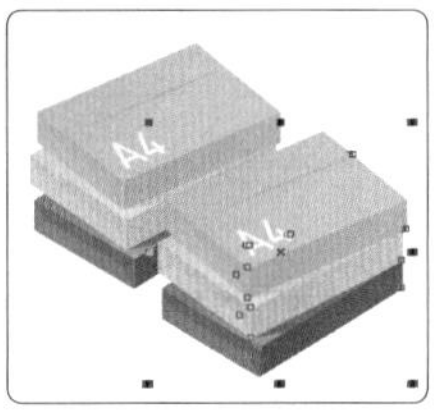

图 4–179

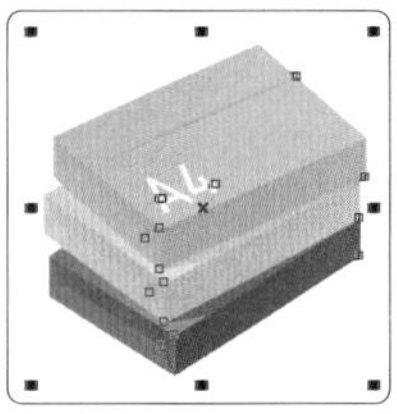

图 4–180

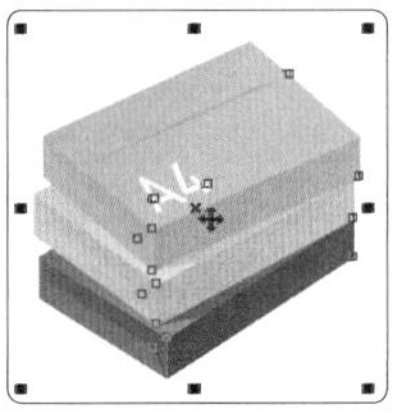

图 4–181

选择要复制的图形，按住鼠标右键拖曳图形到需要的位置，松开鼠标右键后弹出图 4-184 所示的快捷菜单，在其中选择“复制”命令，完成图形的复制，如图 4-185 所示。

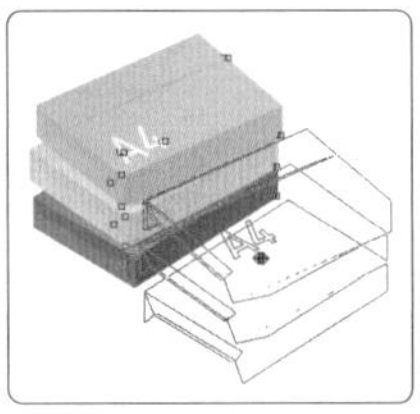

图 4–182

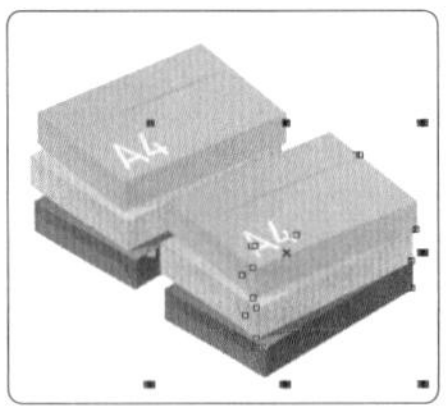

图 4–183

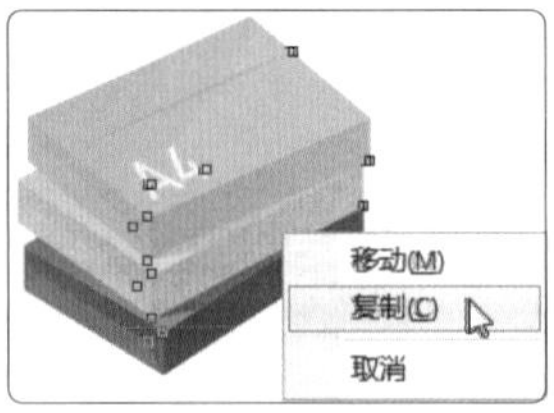

图 4–184

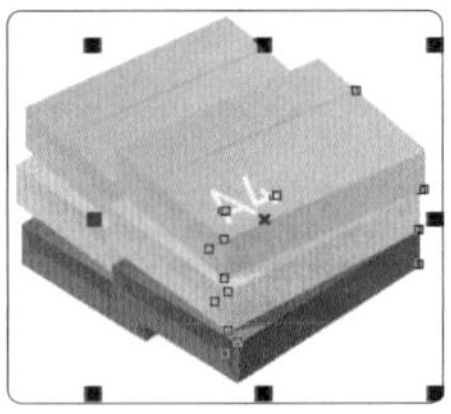

图 4–185

使用“选择”工具选择要复制的图形，在数字键盘上按 + 键，可以快速复制图形。

- 使用命令复制图形属性

选择要复制属性的图形，如图 4-186 所示。选择“编辑 > 复制属性自”命令，弹出“复制属性”对话框，如图 4-187 所示。在对话框中勾选“填充”复选框，单击“确定”按钮，鼠标指针变为形状，在要粘贴属性的图形上单击，如图 4-188 所示。图形的属性复制完成，如图 4-189 所示。

图 4-186　　　　　　　图 4-187　　　　　　　图 4-188　　　　　　图 4-189

要在两个不同的页面之间复制图形，按住鼠标左键拖曳其中一个页面中的图形到另一个页面中，在松开鼠标左键前单击鼠标右键，即可复制图形。

◎ 图形的删除

在 CorelDRAW X8 中，可以方便快捷地删除图形。下面介绍如何删除图形。

选择要删除的图形，选择"编辑>删除"命令，或按 Delete 键，可以将选择的图形删除。

如果想删除多个或全部的图形，首先要选择这些图形，然后选择"删除"命令或按 Delete 键。

◎ 撤销和恢复操作

在设计制作的过程中，可能经常会进行错误的操作。下面介绍如何撤销和恢复操作。

撤销操作：选择"编辑 > 撤销移动"命令，如图 4-190 所示，或按 Ctrl+Z 组合键，可以撤销上一次的操作；单击"标准"工具栏中的"撤销"按钮，也可以撤销上一次的操作；单击"撤销"按钮右侧的下拉按钮，在弹出的下拉列表中可以对多个操作步骤进行撤销。

图 4-190

恢复操作：选择"编辑 > 重做"命令，或按 Ctrl+Shift+Z 组合键，可以恢复上一次的操作；单击"标准"工具栏中的"重做"按钮，也可以恢复上一次的操作；单击"重做"按钮右侧的下拉按钮，在弹出的下拉列表中可以对多个操作步骤进行恢复。

4.2.4　任务实施

1　制作封面

（1）打开 CorelDRAW X8，按 Ctrl+N 组合键，弹出"创建新文档"对话框，设置文档的宽度为 378 mm、高度为 260 mm、方向为横向、原色模式为 CMYK、分辨率为 300 dpi，单击"确定"按钮，创建一个文档。

（2）按 Ctrl+J 组合键，弹出"选项"对话框，选择"文档 > 页面尺寸"选项，设置"出血"的数值为 3.0，勾选"显示出血区域"复选框，如图 4-191 所示。单击"确定"按钮，页面效果如图 4-192 所示。

（3）选择"视图 > 标尺"命令，在视图中显示标尺。选择"选择"工具 ，从左侧标尺上拖曳出一条垂直辅助线，在属性栏中将"X 位置"设置为 184mm，按 Enter 键。用相同的方法，在 194mm 的位置上添加一条垂直辅助线，在页面空白处单击，如图 4-193 所示。

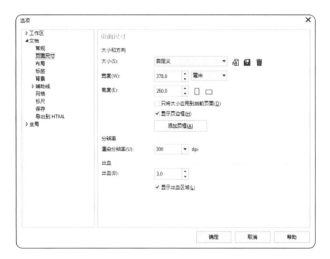

图 4-191　　　　　　　　　　图 4-192　　　　　　图 4-193

（4）按 Ctrl+I 组合键，弹出"导入"对话框，选择云盘中的"Ch04 > 素材 > 制作旅游图书封面 > 01"文件。单击"导入"按钮，在页面中单击以导入图片。按 P 键，将图片在页面中居中对齐，如图 4-194 所示。

（5）选择"文本"工具 ，在页面中输入需要的文字。选择"选择"工具 ，在属性栏中选择适当的字体并设置文字大小，填充文字为白色，如图 4-195 所示。

（6）选择"文本"工具 ，在适当的位置输入需要的文字。选择"选择"工具 ，在属性栏中选择适当的字体并设置文字大小。单击"将文本更改为垂直方向"按钮 ，更改文本方向，填充文字为白色，如图 4-196 所示。

图 4-194　　　　　　　　　图 4-195　　　　　　　　图 4-196

（7）选择"文本 > 文本属性"命令，在弹出的"文本属性"泊坞窗中进行设置，如图 4-197 所示。按 Enter 键，效果如图 4-198 所示。

（8）选择"选择"工具 ，用圈选的方法将输入的文字全部选择，按 Ctrl+G 组合键，将文字群组。单击群组文字，使其处于可旋转状态，如图 4-199 所示。向上拖曳文字右边中间的控制点，使文字倾斜，如图 4-200 所示。用相同的方法输入并倾斜文字，如图 4-201 所示。

图 4-197　　　　　　　　　　　图 4-198　　　　　　　　　　图 4-199

（9）选择"文本"工具 **字**，在适当的位置输入需要的文字。选择"选择"工具 **↖**，在属性栏中选择适当的字体并设置文字大小。单击"将文本更改为水平方向"按钮 **≝**，更改文本方向，填充文字为白色，如图 4-202 所示。打开"文本属性"泊坞窗，其中的设置如图 4-203 所示。按 Enter 键，效果如图 4-204 所示。

图 4-200　　　　　　　　　　　图 4-201　　　　　　　　　　图 4-202

（10）选择"阴影"工具 **▢**，按住鼠标左键，在文字对象中由上至下拖曳鼠标指针，为文字添加阴影效果，属性栏中的设置如图 4-205 所示。按 Enter 键，效果如图 4-206 所示。

图 4-203　　　　　　　　　　　图 4-204　　　　　　　　　　图 4-205

（11）选择"椭圆形"工具 **◯**，按住 Ctrl 键在适当的位置绘制一个圆形，填充圆形为白色，如图 4-207 所示。按数字键盘上的 + 键，复制圆形。选择"选择"工具 **↖**，按住 Shift 键垂直向下拖曳复制的圆形到适当的位置，如图 4-208 所示。

（12）选择"调和"工具 **⬨**，按住鼠标左键，在两个白色圆形之间拖曳鼠标指针，属性栏中的设置如图 4-209 所示。按 Enter 键，效果如图 4-210 所示。

图 4-206

图 4-207

图 4-208

图 4-209

图 4-210

（13）选择"手绘"工具 ，按住 Ctrl 键在适当的位置绘制一条竖线。在 CMYK 调色板中的"白"色块上单击鼠标右键，填充竖线轮廓线，如图 4-211 所示。

（14）选择"透明度"工具 ，按住鼠标左键，在文字中由上至下拖曳鼠标指针，为文字添加透明效果，属性栏中的设置如图 4-212 所示。按 Enter 键，效果如图 4-213 所示。

图 4-211

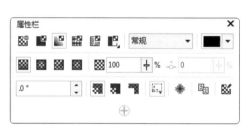

图 4-212

图 4-213

（15）选择"文本"工具 ，在适当的位置输入需要的文字。选择"选择"工具 ，在属性栏中选择适当的字体并设置文字大小。设置文字颜色的 CMYK 值为 100、82、45、6，填充文字，如图 4-214 所示。打开"文本属性"泊坞窗，其中的设置如图 4-215 所示。按 Enter 键，效果如图 4-216 所示。

（16）选择"折线"工具 ，在适当的位置绘制一条折线，如图 4-217 所示。按 F12 键，弹出"轮廓笔"对话框，在"颜色"下拉列表中设置轮廓线颜色的 CMYK 值为 100、82、45、6，其他设置如图 4-218 所示。单击"确定"按钮，效果如图 4-219 所示。

（17）按数字键盘上的 + 键，复制折线。选择"选择"工具 ，按住 Shift 键垂直向下拖曳复制的折线到适当的位置，如图 4-220 所示。连续按 Ctrl+D 组合键，复制折线，效果如图 4-221 所示。

（18）选择"文本"工具 ，在适当的位置输入需要的文字。选择"选择"工具 ，在属性栏中选择适当的字体并设置文字大小，填充文字为白色，如图 4-222 所示。

图 4-214 图 4-215 图 4-216

图 4-217 图 4-218 图 4-219 图 4-220 图 4-221

② 制作封底和书脊

（1）选择"选择"工具 ，选择封面右侧区域中需要的文字，如图 4-223 所示。按数字键盘上的＋键，复制文字。拖曳复制的文字到封底上适当的位置，并调整文字的大小，如图 4-224 所示。

图 4-222 图 4-223 图 4-224

（2）选择"矩形"工具 ，按住 Ctrl 键在适当的位置绘制一个正方形，如图 4-225 所示。设置正方形轮廓线的颜色为白色，在属性栏的"轮廓宽度"数值框中设置数值为 1.5，按 Enter 键，效果如图 4-226 所示。

（3）按 Ctrl+I 组合键，弹出"导入"对话框，选择云盘中的"Ch04＞素材＞制作旅游图书封面＞02"文件。单击"导入"按钮，在页面中单击以导入图片，将图片拖曳到适当的位置并调整其大小，如图 4-227 所示。按 Ctrl+PageDown 组合键，将图片向后移一层，如图 4-228 所示。

　　图 4-225　　　　　　　图 4-226　　　　　　　图 4-227　　　　　　　图 4-228

（4）选择"选择"工具 ，选择"对象 > PowerClip > 置于图文框内部"命令，鼠标指针变为 形状，在正方形上单击，如图 4-229 所示。将图片置到正方形中，如图 4-230 所示。在属性栏的"旋转角度"数值框中设置数值为 4.6，按 Enter 键，效果如图 4-231 所示。

（5）选择"文本"工具 ，在适当的位置输入需要的文字。选择"选择"工具 ，在属性栏中选择适当的字体并设置文字大小，填充文字为白色，如图 4-232 所示。打开"文本属性"泊坞窗，其中的设置如图 4-233 所示。按 Enter 键，效果如图 4-234 所示。

（6）选择"矩形"工具 ，在适当的位置绘制一个矩形，填充矩形为白色，并去除矩形的轮廓线，如图 4-235 所示。

（7）选择"文本"工具 ，在适当的位置输入需要的文字。选择"选择"工具 ，在属性栏中选择适当的字体并设置文字大小，如图 4-236 所示。

　　图 4-229　　　　　　　图 4-230　　　　　　　图 4-231　　　　　　　图 4-232

　　图 4-233　　　　　　　图 4-234　　　　　　　图 4-235　　　　　　　图 4-236

（8）选择"文本"工具 ，在书脊的适当位置输入需要的文字。选择"选择"工具 ，在属性栏中选择适当的字体并设置文字大小。单击属性栏中的"将文本更改为垂直方向"

按钮，填充文字为白色，如图 4-237 所示。旅游图书封面制作完成，效果如图 4-238 所示。

图 4-237　　　　　　　　　　图 4-238

4.2.5　扩展实践：制作茶鉴赏图书封面

使用"矩形"工具□、"导入"命令和"置于图文框内部"命令制作图书的封面底图；使用"亮度 / 对比度 / 强度"和"颜色平衡"命令调整图片的颜色；使用"高斯式模糊"命令制作图片的模糊效果；使用"文本"工具字输入直排和横排文字；使用"转换为曲线"命令和渐变工具制作图书的名称。最终效果参看云盘中的"Ch04 > 效果 > 制作茶鉴赏图书封面"文件，如图 4-239 所示。

图 4-239

微课

制作茶鉴赏图书封面

任务 4.3　项目演练：制作花卉图书封面

微课

制作花卉图书封面

4.3.1　任务引入

《花艺工坊》是一本帮助花艺爱好者成为花艺设计师的指南书。本任务是为《花艺工坊》制作封面，要求封面新颖别致，能够体现出花艺的特色。

4.3.2　设计理念

设计时，以花店实景照片作为封面的背景底图，突出图书主题；文字、图片搭配合理，以文字作为点缀，增加了画面的层次感；封底内容简洁，与封面形成对比，使整体风格更具特色。最终效果参看云盘中的"Ch04 > 效果 > 制作花卉图书封面"文件，如图 4-240 所示。

图 4-240

项目5
制作商业画册
——画册设计

05

　　画册可以全方位地展示个人或企业的理念、风采，还可以宣传产品和品牌形象。一本精美的画册既要富有创意，又要具有可读性和可观赏性。通过本项目的学习，读者可以掌握画册封面、内页的设计方法和制作技巧。

学习引导

知识目标
- 了解画册的概念
- 掌握画册的分类和设计要点

能力目标
- 熟悉画册的设计思路
- 掌握画册的制作方法和技巧

素养目标
- 培养画册设计的创意思维
- 培养对画册的审美与鉴赏能力

实训项目
- 制作时尚家装画册封面
- 制作时尚家装画册内页

相关知识：画册设计基础

1 画册的概念

画册是企业对外宣传的媒介，可以起到宣传企业或产品的作用，能够塑造企业的形象。画册的设计通常图文并茂，以图为主，以文为辅，如图5-1所示。

图5-1

2 画册的分类

按照行业，画册可分为商业宣传画册、文化宣传画册、旅游宣传画册、艺术宣传画册、教育宣传画册等，如图5-2所示。

图5-2

3 画册的设计要点

要设计制作一本好的画册，首先在设计上要注意主题明确，能够反映行业特色，版式风格精美；其次，画册的整体色调能反映设计主题，图片风格统一且画质清晰；最后，印刷成本要求在预算范围内，装帧精致，印刷工艺使用恰当，符合行业定位，如图5-3所示。

图5-3

任务 5.1　制作时尚家装画册封面

微课
制作时尚家装
画册封面1

微课
制作时尚家装
画册封面2

5.1.1　任务引入

本任务是为一本时尚家装画册制作封面，要求重点展示时尚家装，风格鲜明，简约时尚。

5.1.2　设计理念

设计时，使用灰色的底图作为背景，搭配家装的实景照片，突出画册的主题；对画册名称进行艺术化处理，增加装饰感、时尚感；封面下方的文字布局相对紧凑，使画面重点更加醒目。最终效果参看云盘中的"Ch05 > 效果 > 制作时尚家装画册封面"文件，如图5-4所示。

图5-4

5.1.3　任务知识："文本属性"泊坞窗、"制表位"命令

① 设置文本嵌线

选择需要处理的文本，如图5-5所示。单击属性栏中的"文本属性"按钮 A°，弹出"文本属性"泊坞窗，如图5-6所示。

单击"下划线"按钮 U，在弹出的下拉列表中选择线型，如图5-7所示。文本下划线的效果如图5-8所示。

图5-5

图5-6

图5-7

图5-8

选择需要处理的文本，如图5-9所示。单击"文本属性"泊坞窗中的 ▼ 按钮，弹出更多选项。在"字符删除线" ab [无]　下拉列表中选择线型，如图5-10所示。文本删除线的效果如图5-11所示。

选择需要处理的文本，如图5-12所示。在"字符上划线" AB [无]　下拉列表中选择线型，如图 5-13 所示。文本上划线的效果如图 5-14 所示。

图 5-9　　　　　　　　　　图 5-10　　　　　　　　　　图 5-11

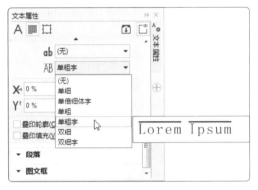

图 5-12　　　　　　　　　　图 5-13　　　　　　　　　　图 5-14

② 设置文本上下标

选择需要制作上标的文本，如图 5-15 所示。单击属性栏中的"文本属性"按钮，弹出"文本属性"泊坞窗，如图 5-16 所示。

单击"位置"按钮，在弹出的下拉列表中选择"上标（自动）"选项，如图 5-17 所示。文本上标的效果如图 5-18 所示。

图 5-15　　　　　　图 5-16　　　　　　　　　　图 5-17　　　　　　图 5-18

选择需要制作下标的文本，如图 5-19 所示。单击"位置"按钮，在弹出的下拉列表中选择"下标（自动）"选项，如图 5-20 所示。文本下标的效果如图 5-21 所示。

图 5-19　　　　　　　　　　　图 5-20　　　　　　　　　　　图 5-21

③ 设置文本的排列方向

选择文本，如图 5-22 所示。在属性栏中单击"将文字更改为水平方向"按钮 或"将文本更改为垂直方向"按钮 ，可以水平或垂直排列文本，垂直排列文本的效果如图5-23所示。

选择"文本 > 文本属性"命令，弹出"文本属性"泊坞窗，在其中选择文本的排列方向，如图 5-24 所示。设置好后，可以改变文本的排列方向。

图 5-22　　　　　　　　　　　图 5-23　　　　　　　　　　　图 5-24

④ 设置制表位

◎ 通过"制表位设置"对话框设置制表位

选择"文本"工具 ，在页面中添加一个段落文本框，页面上方的标尺上出现多个"L"形滑块，即制表符，如图 5-25 所示。选择"文本 > 制表位"命令，弹出"制表位设置"对话框，如图 5-26 所示。在该对话框中可以进行制表位的设置。

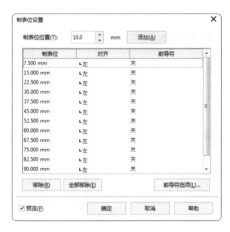

图 5-25　　　　　　　　　　　图 5-26

在数值框中输入数值或调整数值，可以设置制表位的距离，如图 5-27 所示。

在"制表位设置"对话框中的制表位对齐方式下拉列表中，可以设置字符出现在制表位上的位置，如图 5-28 所示。

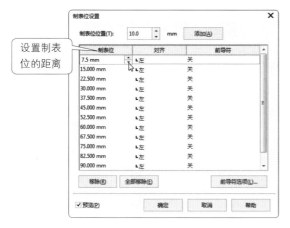
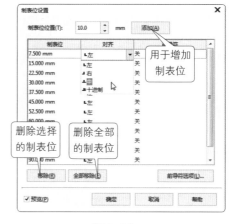

图 5-27　　　　　　　　　　　　　　　　　图 5-28

在"制表位设置"对话框中设置好制表位后，单击"确定"按钮，可以完成制表位的设置。

提示

在段落文本框中插入光标，按 Tab 键，插入的光标就会按设置的制表位移动。

◎ 通过快捷菜单或鼠标拖曳设置制表位

选择"文本"工具字，在页面中添加一个段落文本框，如图 5-29 所示。

页面上方的标尺上出现多个制表符，如图 5-30 所示。在任意一个制表符上单击鼠标右键，在弹出的快捷菜单中可以选择该制表符的对齐方式，如图 5-31 所示。通过快捷菜单也可以对网格、标尺和辅助线进行设置。

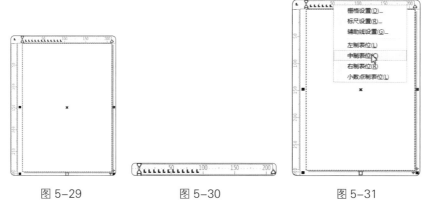

图 5-29　　　　　　　　图 5-30　　　　　　　　图 5-31

在页面上方的标尺上拖曳制表符，可以将制表符移动到需要的位置，如图 5-32 所示。在标尺上的任意位置单击，可以添加一个制表符，如图 5-33 所示。将制表符拖曳到标尺外，可以删除该制表符。

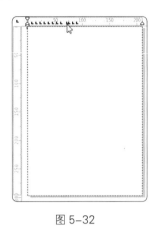

图 5-32

图 5-33

5.1.4　任务实施

❶ 制作画册名称

（1）打开 CorelDRAW X8，按 Ctrl+N 组合键，弹出"创建新文档"对话框，设置文档的宽度为 500 mm、高度为 250 mm、方向为横向、原色模式为 CMYK、分辨率为 300 dpi，单击"确定"按钮，创建一个文档。

（2）按 Ctrl+J 组合键，弹出"选项"对话框，选择"文档 > 页面尺寸"选项，设置"出血"的数值为 3.0，勾选"显示出血区域"复选框，如图 5-34 所示。单击"确定"按钮，页面效果如图 5-35 所示。

图 5-34

图 5-35

（3）选择"视图 > 标尺"命令，在视图中显示标尺。选择"选择"工具 ，从左侧标尺上拖曳出一条垂直辅助线，在属性栏中将"X 位置"设置为 250 mm，按 Enter 键，效果如图 5-36 所示。

（4）选择"矩形"工具□，在页面中绘制一个矩形。在 CMYK 调色板中的"10% 黑"色块上单击，填充矩形，并去除矩形的轮廓线，如图 5-37 所示。

（5）按 Ctrl+I 组合键，弹出"导入"对话框，选择云盘中的"Ch05 > 效果 > 制作时尚家装画册封面 > 01"文件。单击"导入"按钮，在页面中单击以导入图片。选择"选择"工具，拖曳图片到适当的位置并调整其大小，如图 5-38 所示。选择"矩形"工具□，在适当的位置绘制一个矩形，如图 5-39 所示。

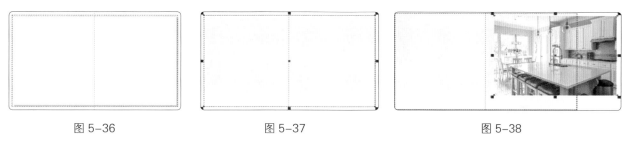

图 5-36　　　　　　　　　　图 5-37　　　　　　　　　　图 5-38

（6）选择"选择"工具，选择下方的图片，选择"对象 > PowerClip > 置于图文框内部"命令，鼠标指针变为▶形状，在矩形边框上单击，如图 5-40 所示。将图片置入矩形中，并去除矩形的轮廓线，如图 5-41 所示。

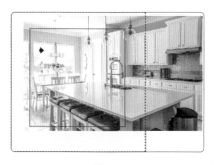

图 5-39　　　　　　　　　　图 5-40　　　　　　　　　　图 5-41

（7）选择"矩形"工具□，在适当的位置绘制一个矩形，如图 5-42 所示。在属性栏中单击"倒棱角"按钮，"转角半径"的设置如图 5-43 所示。按 Enter 键，效果如图 5-44 所示。

图 5-42　　　　　　　　　　图 5-43　　　　　　　　　　图 5-44

（8）保持图形的选中状态。设置图形颜色的 CMYK 值为 60、69、74、20，填充图形，并去除图形的轮廓线，如图 5-45 所示。

（9）选择"文本"工具，在适当的位置输入需要的文字。选择"选择"工具，在属性栏中选择合适的字体并设置文字大小，单击"将文本更改为垂直方向"按钮，如图 5-46 所示。

（10）选择文字"时尚家装"，选择"文本 > 文本属性"命令，在弹出的"文本属性"泊坞窗中进行设置，如图 5-47 所示。按 Enter 键，效果如图 5-48 所示。

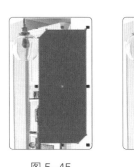   

图 5-45　　　　　　图 5-46　　　　　　图 5-47　　　　　　图 5-48

（11）选择文字"点亮您的新家"，在"文本属性"泊坞窗中进行设置，如图 5-49 所示。按 Enter 键，效果如图 5-50 所示。

（12）选择文字"FASHION"，在"文本属性"泊坞窗中进行设置，如图 5-51 所示。按 Enter 键，效果如图 5-52 所示。

（13）选择"选择"工具，用圈选的方法同时选择文字和图形，如图 5-53 所示。单击属性栏中的"合并"按钮，合并图形和文字，效果如图 5-54 所示。

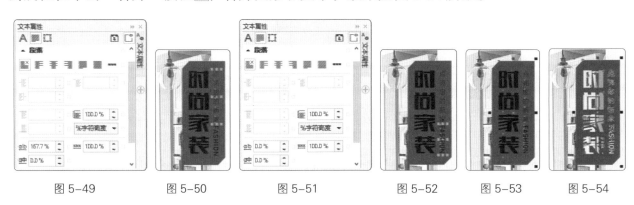

图 5-49　　　　图 5-50　　　　图 5-51　　　　图 5-52　　　　图 5-53　　　　图 5-54

② 添加其他相关信息

（1）选择"文本"工具，在适当的位置输入需要的文字。选择"选择"工具，在属性栏中选择合适的字体并设置文字大小。设置文字颜色的 CMYK 值为 60、69、74、20，填充文字，如图 5-55 所示。

（2）在"文本属性"泊坞窗中进行设置，如图 5-56 所示。按 Enter 键，效果如图 5-57 所示。

（3）选择"文本"工具，在适当的位置添加一个文本框，如图 5-58 所示。在文本框中输入需要的文字，选择"选择"工具，在属性栏中选择适当的字体并设置文字大小，单击"将文本更改为水平方向"按钮，如图 5-59 所示。设置文字颜色的 CMYK 值为 60、69、74、20，填充文字，如图 5-60 所示。

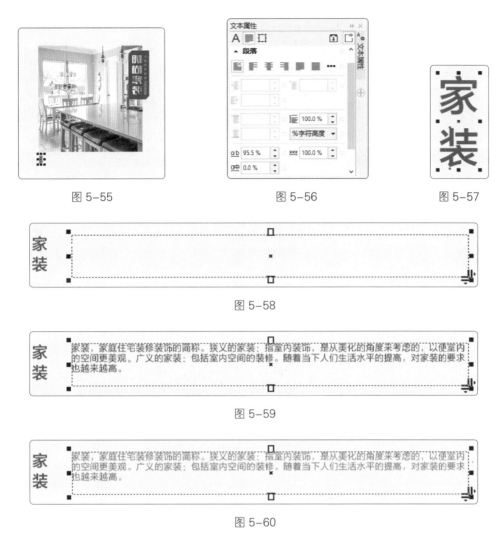

图 5-55　　　　　　　　　　　图 5-56　　　　　　　　　　　图 5-57

图 5-58

图 5-59

图 5-60

（4）在"文本属性"泊坞窗中进行设置，如图 5-61 所示。按 Enter 键，效果如图 5-62 所示。

图 5-61

图 5-62

（5）选择"2 点线"工具，按住 Ctrl 键在适当的位置绘制一条竖线，如图 5-63 所示。按 F12 键，弹出"轮廓笔"对话框，在"颜色"下拉列表中设置轮廓线颜色的 CMYK 值为 60、69、74、20，其他设置如图 5-64 所示。单击"确定"按钮，效果如图 5-65 所示。

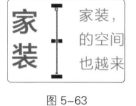

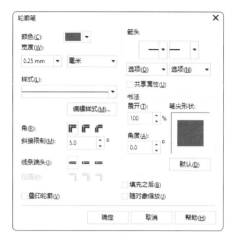

图 5-63 　　　　　　　　　　　　图 5-64 　　　　　　　　　　　　图 5-65

（6）按 Ctrl+I 组合键，弹出"导入"对话框，选择云盘中的"Ch05 > 素材 > 制作时尚家装画册封面 > 02"文件。单击"导入"按钮，在页面中单击以导入图片。选择"选择"工具 ，拖曳图片到适当的位置并调整其大小，如图 5-66 所示。选择"椭圆形"工具 ，按 Ctrl 键在适当的位置绘制一个圆形，如图 5-67 所示。

（7）选择"选择"工具 ，选择下方的图片，选择"对象 > PowerClip > 置于图文框内部"命令，鼠标指针变为 形状，在圆形上单击，如图 5-68 所示。将图片置入圆形中，并去除圆形的轮廓线，如图 5-69 所示。

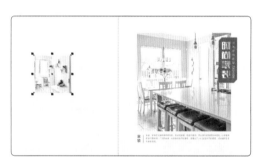
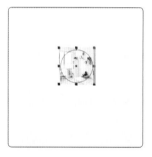

图 5-66 　　　　　　　　　　　　图 5-67 　　　　　　　　　　　　图 5-68

（8）选择"文本"工具 ，在适当的位置输入需要的文字。选择"选择"工具 ，在属性栏中选择合适的字体并设置文字大小。设置文字颜色的 CMYK 值为 60、69、74、20，填充文字，如图 5-70 所示。时尚家装画册封面制作完成，效果如图 5-71 所示。

图 5-69 　　　　　　　　　图 5-70 　　　　　　　　　　图 5-71

5.1.5 扩展实践：制作家居画册封面

使用"透明度"工具█为图片添加叠加效果；使用"导入"命令、"矩形"工具□、"置于图文框内部"命令制作图框，对图片进行精确剪裁；使用"文本"工具█、"文本属性"泊坞窗添加画册封面中的文字信息。最终效果参看云盘中的"Ch05 > 效果 > 制作家居画册封面"文件，如图 5-72 所示。

图 5-72

微课

制作家居画册
封面

任务 5.2 制作时尚家装画册内页 1

微课

制作时尚家装
画册内页1-1

微课

制作时尚家装
画册内页1-2

5.2.1 任务引入

本任务是制作时尚家装画册的内页 1，要求展现出多种类型的家装风格，让用户在了解家装分类的同时，找到符合自己心意的家装风格。

5.2.2 设计理念

设计时，使用不同家装风格的实景图片给人带来视觉上的享受；不同风格的简介文字整齐、美观，和图片相得益彰；画面中点缀的彩色图形使画面更加丰富饱满，营造温馨氛围。最终效果参看云盘中的"Ch05 > 效果 > 制作时尚家装画册内页 1cdr"文件，如图 5-73 所示。

图 5-73

5.2.3　任务知识："栏"命令、"透明度"工具

1 文本绕图

CorelDRAW X8 提供了多种文本绕图的方式，应用好文本绕图功能可以使设计更加生动、美观。

导入图片，并将其调整到段落文本中的适当位置，如图 5-74 所示。在属性栏中单击"文本换行"按钮▤，在弹出的下拉列表中选择需要的文本绕图方式，如图 5-75 所示。文本绕图效果如图 5-76 所示。在属性栏中单击"文本换行"按钮▤，在弹出的下拉列表中可以设置换行样式，在"文本换行偏移"数值框中可以设置偏移距离，如图 5-77 所示。

图 5-74

图 5-75

图 5-76

图 5-77

2 段落分栏

选择一个段落文本，如图 5-78 所示。选择"文本 > 栏"命令，弹出"栏设置"对话框，在其中将"栏数"设置为 2.0、栏间宽度设置为 12mm，如图 5-79 所示。设置完成后，单击"确定"按钮，段落文本被分为两栏，如图 5-80 所示。

图 5-78

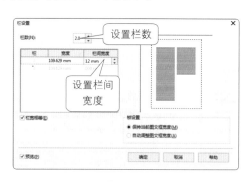

图 5-79

图 5-80

3 透明度效果

绘制并填充两个图形。选择"选择"工具▶，选择上方的图形，如图 5-81 所示。选择"透明度"工具▩，在属性栏中选择一种透明类型，这里单击"均匀透明度"按钮▦，其他设置如图 5-82 所示。图形的透明效果如图 5-83 所示。

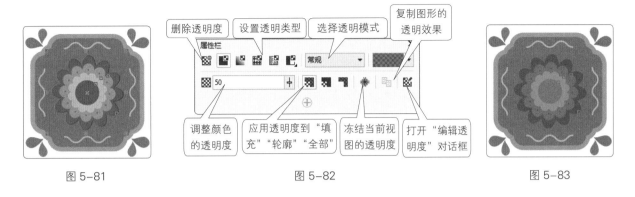

图 5-81　　　　　　　　　　　图 5-82　　　　　　　　　　　图 5-83

5.2.4 任务实施

① 制作田园风格简介

（1）打开 CorelDRAW X8，按 Ctrl+N 组合键，弹出"创建新文档"对话框，设置文档的宽度为 500 mm、高度为 250 mm、方向为横向、原色模式为 CMYK、分辨率为 300 dpi，单击"确定"按钮，创建一个文档。

（2）按 Ctrl+J 组合键，弹出"选项"对话框，选择"文档 > 页面尺寸"选项，设置"出血"的数值为 3.0，勾选"显示出血区域"复选框，如图 5-84 所示。单击"确定"按钮，页面效果如图 5-85 所示。

（3）选择"视图 > 标尺"命令，在视图中显示标尺。选择"选择"工具，从左侧标尺上拖曳出一条垂直辅助线，在属性栏中将"X 位置"设置为 250 mm，按 Enter 键，效果如图 5-86 所示。

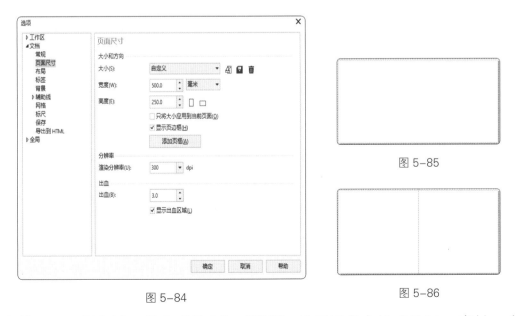

图 5-84　　　　　　　　　　　图 5-85

图 5-86

（4）按 Ctrl+I 组合键，弹出"导入"对话框，选择云盘中的"Ch05 > 素材 > 制作时尚家装画册内页 1 > 01"文件。单击"导入"按钮，在页面中单击以导入图片。选择"选择"

工具 ，拖曳图片到适当的位置并调整其大小，如图 5-87 所示。

（5）选择"矩形"工具 ，在页面中绘制一个矩形，如图 5-88 所示。选择"选择"工具 ，选择下方的图片，选择"对象 > PowerClip > 置于图文框内部"命令，鼠标指针变为 形状，在矩形边框上单击，如图 5-89 所示。将图片置入矩形中，并去除矩形的轮廓线，如图 5-90 所示。

图 5-87　　　　　　　　　　　图 5-88　　　　　　　　　　　图 5-89

（6）选择"矩形"工具 ，在页面中绘制一个矩形。设置矩形颜色的 CMYK 值为 40、0、100、0，填充矩形，并去除矩形的轮廓线，如图 5-91 所示。

（7）按 Ctrl+Q 组合键，转换矩形。选择"形状"工具 ，向下拖曳矩形右上角的节点到适当的位置，如图 5-92 所示。用相同的方法调整矩形左下角的节点，如图 5-93 所示。

图 5-90　　　　　　　　　　　图 5-91　　　　　　　　　　　图 5-92

（8）选择"透明度"工具 ，在属性栏中单击"均匀透明度"按钮 ，属性栏中的其他设置如图 5-94 所示。按 Enter 键，效果如图 5-95 所示。

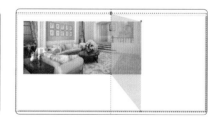

图 5-93　　　　　　　　　　　图 5-94　　　　　　　　　　　图 5-95

（9）选择"文本"工具 ，在适当的位置输入需要的文字。选择"选择"工具 ，在属性栏中选择合适的字体并设置文字大小，如图 5-96 所示。将输入的文字同时选中，设置文字颜色的 CMYK 值为 40、0、100、0，填充文字，如图 5-97 所示。

（10）选择英文"Countryside"，选择"文本 > 文本属性"命令，在弹出的"文本属性"泊坞窗中进行设置，如图 5-98 所示。按 Enter 键，效果如图 5-99 所示。

图 5-96   图 5-97   图 5-98

图 5-99

（11）选择"2点线"工具，按住 Ctrl 键，在适当的位置绘制一条竖线，如图 5-100 所示。按 F12 键，弹出"轮廓笔"对话框，在"颜色"下拉列表中设置轮廓线颜色的 CMYK 值为 40、0、100、0，其他设置如图 5-101 所示。单击"确定"按钮，效果如图 5-102 所示。

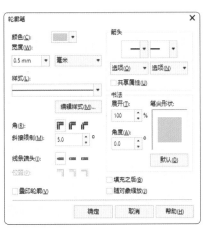

图 5-100   图 5-101   图 5-102

（12）选择"文本"工具，在适当的位置添加一个文本框。在文本框中输入需要的文字，选择"选择"工具，在属性栏中选择适当的字体并设置文字大小，如图 5-103 所示。

图 5-103

（13）在“文本属性”泊坞窗中单击“两端对齐”按钮，其他设置如图 5-104 所示。按 Enter 键，效果如图 5-105 所示。

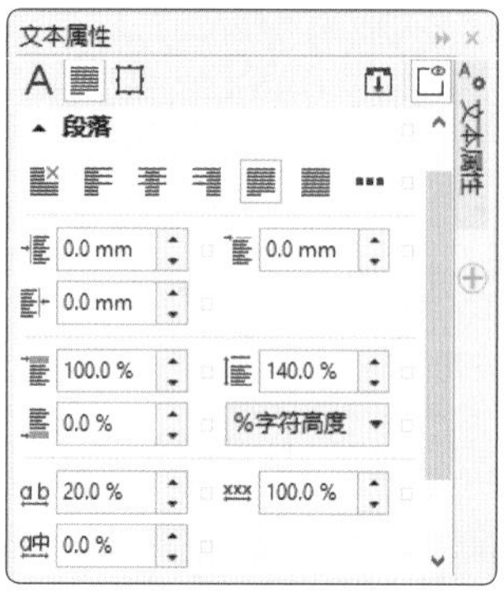

图 5–104

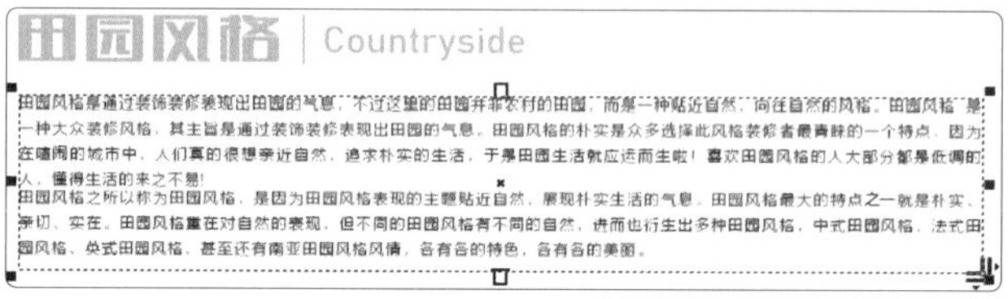

图 5–105

（14）选择“文本 > 栏”命令，弹出“栏设置”对话框，其中的设置如图 5-106 所示。单击“确定”按钮，效果如图 5-107 所示。

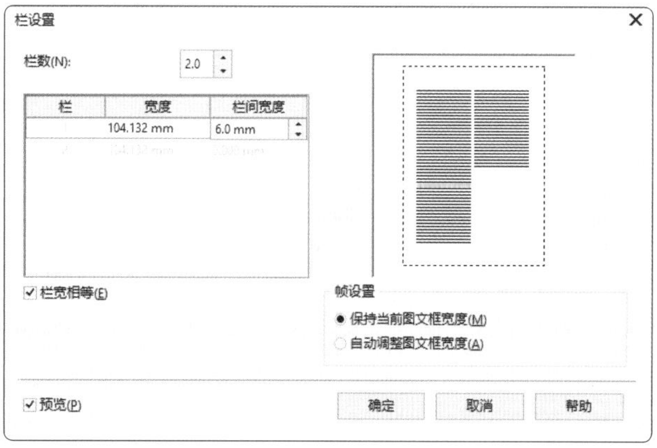

图 5–106

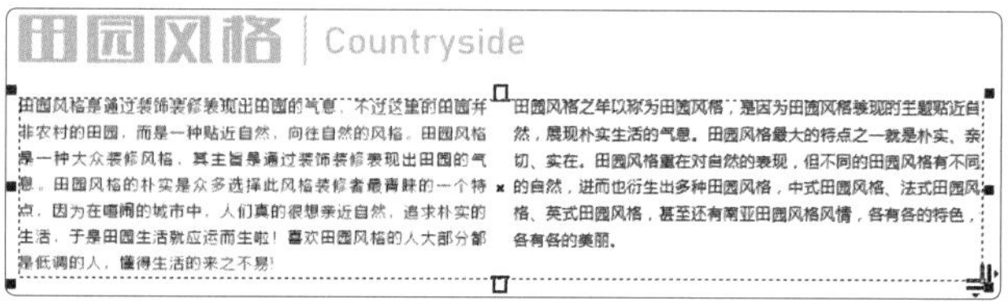

图 5–107

② 制作不同田园风格

（1）按 Ctrl+I 组合键，弹出“导入”对话框，选择云盘中的“Ch05 > 素材 > 制作时尚家装画册内页 1 > 02”文件。单击“导入”按钮，在页面中单击以导入图片。选择“选择”工具，拖曳图片到适当的位置并调整其大小，如图 5-108 所示。

（2）选择“矩形”工具，在适当的位置绘制一个矩形，如图 5-109 所示（为了方便读者观看，这里以白色显示矩形的轮廓线）。

（3）选择“选择”工具，选择下方的图片，选择“对象 > PowerClip > 置于图文框内部”命令，鼠标指针变为形状，在矩形边框上单击，如图 5-110 所示。将图片置入矩形中，并去除矩形的轮廓线，如图 5-111 所示。

（4）选择“文本”工具，在适当的位置输入需要的文字。选择“选择”工具，在属性栏中选择合适的字体并设置文字大小。设置文字颜色的 CMYK 值为 40、0、100、0，填充文字，如图 5-112 所示。

（5）选择"文本"工具**字**，在适当的位置添加一个文本框。在文本框中输入需要的文字，选择"选择"工具**↖**，在属性栏中选择适当的字体并设置文字大小，如图 5-113 所示。

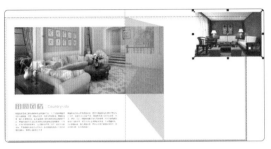

图 5-108　　　　　　　　　　　图 5-109　　　　　　　　　　　图 5-110

图 5-111　　　　　　　　　　图 5-112　　　　　　　　　　图 5-113

（6）在"文本属性"泊坞窗中，单击"两端对齐"按钮**▤**，其他设置如图 5-114 所示。按 Enter 键，效果如图 5-115 所示。

图 5-114　　　　　　　　　　　　　　　图 5-115

（7）选择"2点线"工具**／**，按住 Ctrl 键在适当的位置绘制一条直线，如图 5-116 所示。按 F12 键，弹出"轮廓笔"对话框，在"颜色"下拉列表中设置轮廓线颜色的 CMYK 值为 0、0、0、20，其他设置如图 5-117 所示。单击"确定"按钮，效果如图 5-118 所示。

（8）用相同的方法制作法式田园风格和英式田园风格的简介，如图 5-119 所示。时尚家装画册内页 1 制作完成，效果如图 5-120 所示。

图 5-116　　　　　　　　　　　图 5-117　　　　　　　　　　　图 5-118

图 5-119　　　　　　　　　　　　　　　图 5-120

5.2.5　扩展实践：制作家居画册内页

使用"导入"命令添加板材图片；使用"手绘"工具绘制装饰线条；使用"文本"工具、"文本属性"泊坞窗添加产品名称和编号等文字信息。最终效果参看云盘中的"Ch05 > 效果 > 制作家居画册内页"文件，如图 5-121 所示。

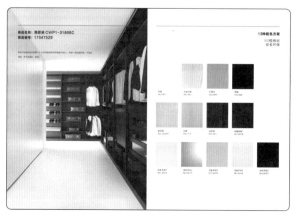

图 5-121

微课

制作家居画册
内页

任务 5.3 项目演练：制作时尚家装画册内页 2

5.3.1 任务引入

本任务是制作时尚家装画册的内页 2，要求展现出地中海家装风格的特点，栏目精练，主题明确。

5.3.2 设计理念

设计时，使用天蓝色作为主体色，给人带来心旷神怡的感觉；大幅的跨页图片在产生视觉冲击力的同时，也能更清晰地展现地中海风格；页面整体图文编排合理，重点突出。最终效果参看云盘中的"Ch05 > 效果 > 制作时尚家装画册内页 2"文件，如图 5-122 所示。

图 5-122

项目6

制作营销宣传单
——宣传单设计

宣传单是一种常见的广告形式，对宣传活动和促销商品能起到积极的作用。宣传单常通过派送等形式发放，可以有效地将信息传达给目标受众。通过本项目的学习，读者可以掌握宣传单的设计方法和制作技巧。

学习引导

知识目标
- 了解宣传单的概念
- 掌握宣传单的分类和特点

能力目标
- 熟悉宣传单的设计思路
- 掌握宣传单的制作方法和技巧

素养目标
- 培养宣传单设计的创意思维
- 培养对宣传单的审美与鉴赏能力

实训项目
- 制作招聘宣传单
- 制作美食宣传单折页

相关知识: 宣传单设计基础

1 宣传单的概念

宣传单是一种传播产品或活动信息的广告形式，其最终目的是推销产品和服务，如图 6-1 所示。

图 6-1

2 宣传单的分类

宣传单大致可以分为两类：营销类和公益宣传类。营销类宣传单一般是针对企业宣传、商品促销和新店开张等活动制作的，而公益宣传类宣传单的主要内容包括义务献血、环境保护和公益活动等，如图 6-□ 所示。宣传单可以是单页或折页。

图 6-2

3 宣传单的特点

好的宣传单具有独特的魅力，主要体现在以下几点。第一是重点突出，对宣传信息有明显的展示，能够快速吸引消费者的注意力；第二是信息丰富，对具体业务或行为展示详细，通过项目细节打动消费者；第三是目标明确，对目标消费者的预期进行有效引导，如图 6-□ 所示。

图 6-3

任务 6.1　制作招聘宣传单

微课

制作招聘宣
传单1

微课

制作招聘宣
传单2

6.1.1　任务引入

本任务是为一家视觉创意公司制作招聘宣传单。这家公司专为客户提供设计方面的技术和创意支持，现公司需要新招一批专业设计人才，需要设计一款招聘宣传单，要求设计风格轻松，招聘信息全面、清晰。

6.1.2　设计理念

设计时，使用黄色作为底色，给人以轻松愉悦的感觉；左侧使用具有视觉冲击力的设计文字吸引应聘者，搭配卡通插画，营造幽默的氛围；右侧用整洁的文字讲明招聘条件，令人一目了然。最终效果参看云盘中的"Ch06 > 效果 > 制作招聘宣传单"文件，如图 6-4 所示。

图 6-4

6.1.3　任务知识："合并"和"添加透视"命令

❶ 合并对象

绘制几个图形，如图 6-5 所示。使用"选择"工具 选择要进行合并的图形，如图 6-6 所示。选择"对象 > 合并"命令，或按 Ctrl+L 组合键，可以将多个图形合并，如图 6-7 所示。

使用"形状"工具 选择合并后的图形，可以对图形的节点进行调整，如图 6-8 所示，从而改变图形的形状，如图 6-9 所示。

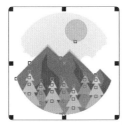

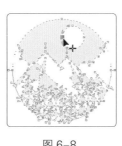
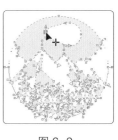

图 6-5　　　　　图 6-6　　　　　图 6-7　　　　　图 6-8　　　　　图 6-9

选择"排列 > 拆分曲线"命令，或按 Ctrl+K 组合键，或单击属性栏中的"拆分"按钮，可以取消图形的合并状态，原来合并的图形将变为多个单独的图形。

>
> **提示**　　如果图形合并前有颜色填充，那么合并后的图形将显示最后选择的图形的颜色。如果使用圈选的方法选择图形，将显示圈选框中最下方图形的颜色。

② 添加透视效果

在设计和制作图形的过程中，经常会使用透视效果。下面介绍如何在 CorelDRAW X8 中制作透视效果。

打开要制作透视效果的图形，使用"选择"工具　选择图形，如图 6-10 所示。选择"效果 > 添加透视"命令，图形的周围出现控制线和控制点，如图 6-11 所示。按住鼠标左键拖曳控制点，制作需要的透视效果，在拖曳控制点时会出现✕图标，如图 6-12 所示。按住鼠标左键拖曳✕图标可以改变透视效果，如图 6-13 所示。制作好透视效果后，按 Enter 键，确定完成的效果。

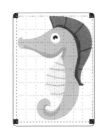

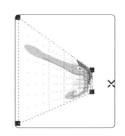

图 6-10　　　　　图 6-11　　　　　图 6-12　　　　　图 6-13

要修改已经制作好的透视效果，可以双击图形，然后对已有的透视效果进行调整。选择"效果 > 清除透视点"命令，可以清除透视效果。

6.1.4　任务实施

① 制作招聘宣传单的正面

（1）打开 CorelDRAW X8，按 Ctrl+N 组合键，新建一个文件。按 Ctrl+I 组合键，弹出"导入"对话框，选择云盘中的"Ch06 > 素材 > 制作招聘宣传单 > 01"文件。单击"导入"按钮，在页面中单击以导入图片，如图6-14所示。按P键，将图片在页面中居中对齐，如图6-15所示。

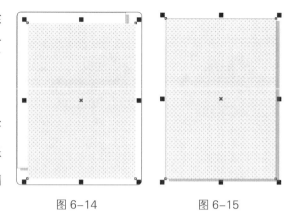

图6-14　　　　图6-15

（2）选择"文本"工具字，在页面中输入需要的文字。选择"选择"工具，在属性栏中选择适当的字体并设置文字大小，填充文字为白色，如图6-16所示。

（3）按F12键，弹出"轮廓笔"对话框，在"颜色"下拉列表中设置轮廓线颜色为黑色，其他设置如图6-17所示。单击"确定"按钮，如图6-18所示。

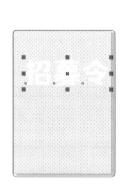

图6-16　　　　　　　　图6-17　　　　　　　　图6-18

（4）按Ctrl+K组合键，将文字进行拆分，拆分完成后"招"字呈选中状态，如图6-19所示。选择"效果 > 添加透视"命令，文字周围出现控制线和控制点，如图6-20所示。按住鼠标左键并拖曳，将控制点移到适当的位置，文字效果如图6-21所示。用相同的方法调整其他文字，制作透视效果，如图6-22所示。

图6-19　　　　　图6-20　　　　　图6-21　　　　　图6-22

（5）选择"贝塞尔"工具，在适当的位置绘制不规则图形，如图6-23所示。选择"选择"工具，用圈选的方法将绘制的图形同时选中。按F12键，弹出"轮廓笔"对话框，在"颜色"下拉列表中设置轮廓线颜色为黑色，其他设置如图6-24所示。单击"确定"按钮，填充图形为白色，如图6-25所示。

图 6-23   图 6-24   图 6-25

（6）单击属性栏中的"合并"按钮▣，合并图形，如图 6-26 所示。连续按 Ctrl+PageDown 组合键，将图形向后移至适当的位置，如图 6-27 所示。

图 6-26   图 6-27

（7）选择"矩形"工具▢，在适当的位置绘制一个矩形，设置矩形颜色的 CMYK 值为 71、94、97、69，填充矩形，并去除矩形的轮廓线，如图 6-28 所示。

（8）选择"阴影"工具▢，在属性栏中单击"预设列表"下拉按钮▼，在弹出的下拉列表中选择"平面右下"选项，其他设置如图 6-29 所示。按 Enter 键，效果如图 6-30 所示。

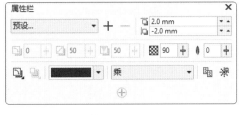

图 6-28   图 6-29   图 6-30

（9）选择"文本"工具字，在适当的位置输入需要的文字。选择"选择"工具▶，在属性栏中选择适当的字体并设置文字大小，填充文字为白色，如图 6-31 所示。选择"形状"工具▸，向右拖曳文字下方的◧图标，调整文字的间距，如图 6-32 所示。

（10）按 Ctrl+I 组合键，弹出"导入"对话框，选择云盘中的"Ch06 > 素材 > 制作招聘宣传单 > 02"文件。单击"导入"按钮，在页面中单击以导入图片。选择"选择"工具▶，拖曳图片到适当的位置，如图 6-33 所示。

（11）选择"文本"工具字，在适当的位置输入需要的文字。选择"选择"工具▶，在属性栏中选择适当的字体并设置文字大小，如图 6-34 所示。

图 6-31　　　　　　　图 6-32　　　　　　　图 6-33　　　　　　　图 6-34

（12）选择"椭圆形"工具○，按住 Ctrl 键在页面外绘制一个圆形，填充圆形为白色，如图 6-35 所示。在属性栏的"轮廓宽度"数值框中设置数值为 2.5，按 Enter 键，效果如图 6-36 所示。

（13）选择"变形"工具▭，单击属性栏中的"推拉变形"按钮⊕，在圆形圆心处按住鼠标左键并拖曳，将圆形变形，如图 6-37 所示。选择"选择"工具▶，在属性栏的"旋转角度"数值框中设置数值为 −45。按 Enter 键，效果如图 6-38 所示。

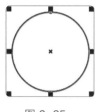  

图 6-35　　　　　　　图 6-36　　　　　　　图 6-37　　　　　　　图 6-38

（14）拖曳变形后得到的星形到页面中适当的位置，如图 6-39 所示。按数字键盘上的 + 键，复制星形。向右拖曳复制的星形到适当的位置，并调整星形的大小，如图 6-40 所示。用相同的方法复制多个星形，并调整星形的大小，如图 6-41 所示。

图 6-39　　　　　　　　图 6-40　　　　　　　　图 6-41

（15）按 Ctrl+I 组合键，弹出"导入"对话框，选择云盘中的"Ch06 > 素材 > 制作招聘宣传单 > 03"文件。单击"导入"按钮，在页面中单击以导入图片。选择"选择"工具▶，拖曳图片到适当的位置，并调整图片的大小，如图 6-42 所示。

（16）选择"阴影"工具▭，按住鼠标左键，在图片中从上向下拖曳鼠标指针，为图片添加阴影效果，属性栏中的设置如图 6-43 所示。按 Enter 键，效果如图 6-44 所示。

图 6-42　　　　　　　　图 6-43　　　　　　　　图 6-44

（17）选择"矩形"工具□，在适当的位置绘制一个矩形。设置矩形颜色的CMYK值为71、94、97、69，填充矩形，并去除矩形的轮廓线，如图6-45所示。

（18）选择"阴影"工具□，在属性栏中单击"预设列表"下拉按钮▼，在弹出的下拉列表中选择"平面右下"选项，其他设置如图6-46所示。按Enter键，效果如图6-47所示。

（19）选择"文本"工具字，在适当的位置输入需要的文字。选择"选择"工具▶，在属性栏中选择适当的字体并设置文字大小，填充文字为白色，如图6-48所示。

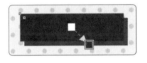

图6-45　　　　　　图6-46　　　　　　　图6-47　　　　　　图6-48

（20）选择"文本"工具字，在适当的位置添加一个文本框。在文本框中输入需要的文字，在属性栏中选择适当的字体并设置文字大小，如图6-49所示。

（21）选择"2点线"工具✐，按住Ctrl键，在适当的位置绘制一条直线。在属性栏的"轮廓宽度"数值框中设置数值为1.5，按Enter键，效果如图6-50所示。

❷ 制作招聘宣传单的背面

（1）选择"布局＞再制页面"命令，在弹出的对话框中选中需要的单选项，如图6-51所示。单击"确定"按钮，再制页面，如图6-52所示。

图6-49　　　　　　图6-50　　　　　　　图6-51　　　　　　图6-52

（2）选择"选择"工具▶，选择不需要的段落文字，如图6-53所示。按Delete键，删除选择的文字，如图6-54所示。调整其余的图形和文字到适当的位置，并调整其大小，如图6-55所示。

（3）选择"文本"工具字，删除文字"公司简介"，并在同一位置输入文字"联系我们"，如图6-56所示。选择"选择"工具▶，按Ctrl+I组合键，弹出"导入"对话框，选择云盘中的"Ch06＞素材＞制作招聘宣传单＞04"文件。单击"导入"按钮，在页面中单击以导入图片。选择"选择"工具 ，拖曳图片到适当的位置，如图 6-57 所示。

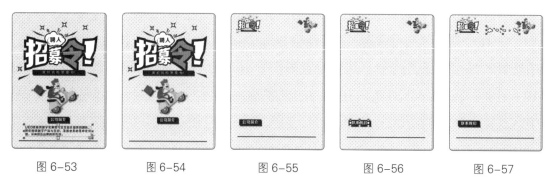

图 6-53　　　　图 6-54　　　　图 6-55　　　　图 6-56　　　　图 6-57

（4）选择"矩形"工具 ，在适当的位置绘制一个矩形。在属性栏的"轮廓宽度"数值框中设置数值为 0.5，按 Enter 键，效果如图 6-58 所示。在 CMYK 调色板中的"橘红"色块上单击，填充矩形，如图 6-59 所示。

（5）选择"阴影"工具 ，在属性栏中单击"预设列表"下拉按钮 ，在弹出的下拉列表中选择"平面右下"选项，其他设置如图 6-60 所示。按 Enter 键，效果如图 6-61 所示。

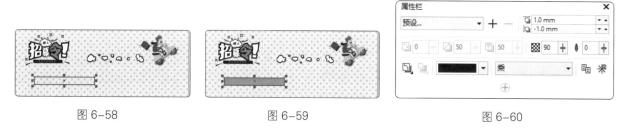

图 6-58　　　　　　　　图 6-59　　　　　　　　图 6-60

（6）选择"基本形状"工具 ，单击属性栏中的"完美形状"按钮 ，在弹出的下拉列表中选择需要的形状，如图 6-62 所示。按住鼠标左键，在适当的位置拖曳鼠标指针绘制图形，填充图形为白色，并去除图形的轮廓线，如图 6-63 所示。

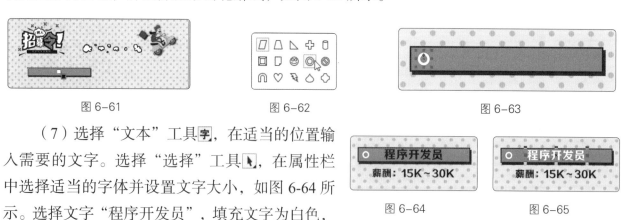

图 6-61　　　　　　　图 6-62　　　　　　　图 6-63

（7）选择"文本"工具 ，在适当的位置输入需要的文字。选择"选择"工具 ，在属性栏中选择适当的字体并设置文字大小，如图 6-64 所示。选择文字"程序开发员"，填充文字为白色，如图 6-65 所示。

图 6-64　　　　　　图 6-65

（8）选择"文本"工具 ，在适当的位置添加一个文本框。在文本框中输入需要的文字，在属性栏中选择适当的字体并设置文字大小，如图 6-66 所示。

（9）用相同的方法添加其他职位信息，如图 6-67 所示。选择"文本"工具 ，在适当的位置输入需要的文字。选择"选择"工具 ▶，在属性栏中选择适当的字体并设置文字大小，招聘宣传单制作完成，如图6-68所示。

图6-66　　　　　　　　　图6-67　　　　　　　　　图6-68

6.1.5　扩展实践：制作舞蹈培训宣传单

使用"矩形"工具 □、"导入"命令制作宣传单的底图；使用"快速描摹"命令将位图转换为矢量图；使用矩形工具和形状工具绘制装饰图形；使用"矩形"工具 □、"文本"工具 字、"合并"按钮添加宣传性文字。最终效果参看云盘中的"Ch06 > 效果 > 制作舞蹈培训宣传单"文件，如图6-69所示。

图6-69

微课　　　　　　微课

制作舞蹈培训　　制作舞蹈培训
宣传单1　　　　宣传单2

任务 6.2　制作美食宣传单折页

6.2.1　任务引入

微课　　　　　　微课

制作美食宣传　　制作美食宣传
单折页1　　　　单折页2

本任务是为一家美食厅制作宣传单折页，要求设计综合运用图片和文字，突出美食厅丰富的菜品。

6.2.2　设计理念

设计时，以浅色渐变背景搭配精美的菜品图片，展示出菜品选料精良、品种丰富的特点；文字内容简洁，信息清晰，文图搭配得当，突出宣传主题。最终效果参看云盘中的"Ch06 > 效果 > 制作美食宣传单折页"文件，如图6-70所示。

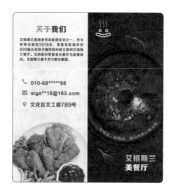

图6-70

6.2.3　任务知识："PowerClip"和"使文本适合路径"命令

① 图形的排序

在CorelDRAW X8中，绘制的图形之间很可能存在重叠的关系，如果在页面中的同一位置先后绘制两个不同的图形，后绘制的图形将位于先绘制的图形的上方。使用CorelDRAW X8的排序功能可以对多个图形进行排序，也可以使用图层来管理图形。

在页面中先后绘制几个不同的图形，如图6-71所示。使用"选择"工具 ▶ 选择要进行排序的图形，如图6-72所示。

选择"对象 > 顺序"子菜单下的命令，可将已选择的图形排序，如图6-73所示。

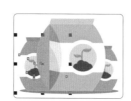

图6-71　　　　　　　图6-72　　　　　　　图6-73

选择"到图层前面"命令，可以将背景图形从当前层移动到页面中其他图形的最前面，效果如图6-74所示。按Shift+PageUp组合键，也可以完成这个操作。

选择"到图层后面"命令，可以将背景图形从当前层移动到页面中其他图形的最后面，如图6-75所示。按Shift+PageDown组合键，也可以完成这个操作。

选择"向前一层"命令，可以将选择的图形从当前位置向前移动一个图层，如图6-76所示。按Ctrl+PageUp组合键，也可以完成这个操作。

当图形位于前面的位置时，选择"向后一层"命令，可以将选择的图形从当前位置向后移动一个图层，如图6-77所示。按Ctrl+PageDown组合键，也可以完成这个操作。

选择"置于此对象前"命令，可以将选择的图形放置到指定图形的前面。选择"置于此对象前"命令，鼠标指针变为◆形状，单击指定的图形，如图 6-78 所示，选择的图形被放置到指定图形的前面，如图 6-79 所示。

　　选择"置于此对象后"命令，可以将选择的图形放置到指定图形的后面。选择"置于此对象后"命令，鼠标指针变为◆形状，单击指定的图形，如图 6-80 所示，选择的图形被放置到指定图形的后面，如图 6-81 所示。

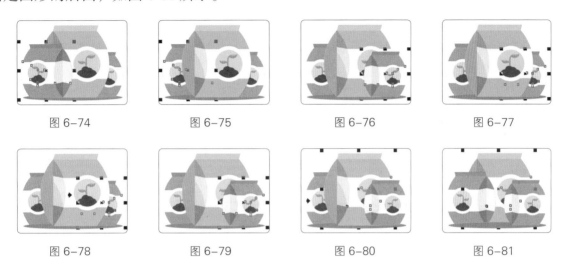

图 6-74　　　　　　　图 6-75　　　　　　　图 6-76　　　　　　　图 6-77

图 6-78　　　　　　　图 6-79　　　　　　　图 6-80　　　　　　　图 6-81

❷ 制作 PowerClip 效果

　　打开一张图片，绘制一个图形作为容器图形。使用"选择"工具▶选择用来内置的图片，如图 6-82 所示。选择"对象 > PowerClip > 置于图文框内部"命令，鼠标指针变为◆形状，将鼠标指针移至容器图形内，如图 6-83 所示，单击即可将图片置于图文框内部，如图 6-84 所示。内置图片的中心和容器图形的中心是重合的。

图 6-82　　　　　　　　　　　　图 6-83　　　　　　　　　　　　图 6-84

　　选择"对象 > PowerClip > 提取内容"命令，可以将容器图形的内置图片提取出来。

　　选择"对象 > PowerClip > 编辑 PowerClip"命令，可以修改容器图形的内置图片。

　　选择"对象 > PowerClip > 结束编辑"命令，可以完成内置图片的编辑。

　　选择"对象 > PowerClip > 复制 PowerClip 自"命令，鼠标指针变为◆形状，将鼠标指针移至图框精确剪裁的图形上并单击，可复制内置图片。

❸ 文本绕路径

　　打开基础素材中的图片，选择"文本"工具字，在页面中输入美术字文本。使用"贝塞尔"工具✐绘制一个路径，选择美术字文本，效果如图 6-85 所示。

选择"文本 > 使文本适合路径"命令，鼠标指针变为箭头形状，将鼠标指针移至路径上，文本自动绕路径排列，如图 6-86 所示。单击后效果如图 6-87 所示。

图 6-85   图 6-86   图 6-87

选择绕路径排列的文本，如图 6-88 所示。在图 6-89 所示的属性栏中可以设置文字方向、与路径的距离和水平偏移等。

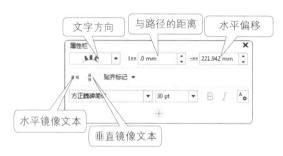

图 6-88   图 6-89

通过属性栏中的设置可以制作多种文本绕路径的效果，如图 6-90 所示。

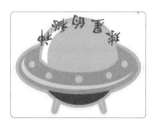

图 6-90

6.2.4 任务实施

① 制作折页 01 和 02

（1）打开 CorelDRAW X8，按 Ctrl+N 组合键，弹出"创建新文档"对话框，设置文档的宽度为 190 mm、高度为 210 mm、方向为横向、原色模式为 CMYK、分辨率为 300 dpi，单击"确定"按钮，创建一个文档。

（2）按 Ctrl+J 组合键，弹出"选项"对话框，选择"文档 > 页面尺寸"选项，设置"出血"的数值为 3.0，勾选"显示出血区域"复选框，如图 6-91 所示。单击"确定"按钮，页面效果如图 6-92 所示。

（3）选择"视图 > 标尺"命令，在视图中显示标尺。选择"选择"工具▶，从左侧标

尺上拖曳出一条垂直辅助线，在属性栏中将"X 位置"设置为 95 mm，按 Enter 键，如图 6-93
所示。

图 6-91　　　　　　　　　　　　　　　　　　图 6-92　　　　图 6-93

（4）按 Ctrl+I 组合键，弹出"导入"对话框，选择云盘中的"Ch06 > 素材 > 制作美食
宣传单折页 > 01、02"文件。单击"导入"按钮，在页面中单击以导入图片。选择"选择"
工具 ，拖曳图片到适当的位置，如图 6-94 所示。

（5）选择"文本"工具 ，在页面中输入需要的文字。选择"选择"工具 ，在属性
栏中选择适当的字体并设置文字大小，填充文字为白色，如图 6-95 所示。

（6）选择"文本"工具 ，选择文字"艾格斯兰美食厅"。设置文字颜色的 CMYK 值
为 40、0、98、0，填充文字，如图 6-96 所示。

（7）选择"贝塞尔"工具 ，在适当的位置绘制一条曲线，如图 6-97 所示。选择"文
本"工具 ，在适当的位置输入需要的文字。选择"选择"工具 ，在属性栏中选择适当的
字体并设置文字大小。设置文字颜色的 CMYK 值为 40、0、98、0，填充文字，如图 6-98 所
示（为了方便读者观看，这里以白色显示曲线）。

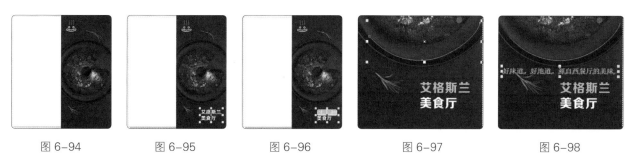

图 6-94　　　　　图 6-95　　　　　图 6-96　　　　　图 6-97　　　　　图 6-98

（8）保持文字的选中状态，选择"文本 > 使文本适合路径"命令，将鼠标指针置于曲
线上并单击，文本自动绕路径排列，如图 6-99 所示。属性栏中的设置如图 6-100 所示。按
Enter 键确定操作，效果如图 6-101 所示。

| 图 6-99 | 图 6-100 | 图 6-101 |

（9）按 Ctrl+I 组合键，弹出"导入"对话框，选择云盘中的"Ch06 > 素材 > 制作美食宣传单折页 > 03"文件。单击"导入"按钮，在页面中单击以导入图片。选择"选择"工具，拖曳图片到适当的位置，如图 6-102 所示。

（10）选择"文本"工具，在适当的位置输入需要的文字。选择"选择"工具，在属性栏中选择适当的字体并设置文字大小，如图 6-103 所示。

（11）选择"文本"工具，选择文字"关于"，设置文字颜色的 CMYK 值为 13、61、89、0，填充文字，如图 6-104 所示。

| 图 6-102 | 图 6-103 | 图 6-104 |

（12）选择"文本"工具，在适当的位置添加一个文本框。在文本框中输入需要的文字，在属性栏中选择适当的字体并设置文字大小，如图 6-105 所示。

（13）按 Ctrl+T 组合键，弹出"文本属性"泊坞窗，在其中单击"两端对齐"按钮，其他设置如图 6-106 所示。按 Enter 键，效果如图 6-107 所示。

| 图 6-105 | 图 6-106 | 图 6-107 |

（14）按 Ctrl+I 组合键，弹出"导入"对话框，选择云盘中的"Ch06 > 素材 > 制作美食宣传单折页 > 04"文件。单击"导入"按钮，在页面中单击以导入图片。选择"选择"工

具 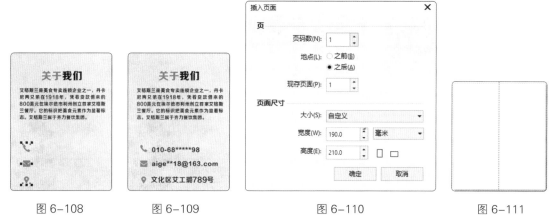，拖曳图片到适当的位置，如图 6-108 所示。

（15）选择"文本"工具 字，在适当的位置输入需要的文字。选择"选择"工具 ，在属性栏中选择适当的字体并设置文字大小，如图 6-109 所示。

② 制作折页 03 和 04

（1）选择"布局 > 插入页面"命令，在弹出的对话框中进行设置，如图 6-110 所示。单击"确定"按钮，插入页面，如图 6-111 所示。

图 6-108　　　　图 6-109　　　　图 6-110　　　　图 6-111

（2）按 Ctrl+I 组合键，弹出"导入"对话框，选择云盘中的"Ch06 > 素材 > 制作美食宣传单折页 > 05"文件。单击"导入"按钮，在页面中单击以导入图片，如图 6-112 所示。按 P 键，将图片在页面中居中对齐，如图 6-113 所示。选择"矩形"工具 ，在适当的位置绘制一个矩形，如图 6-114 所示。

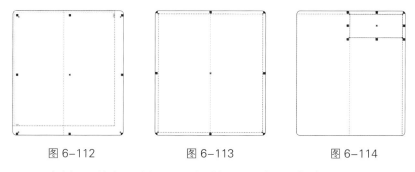

图 6-112　　　　　　图 6-113　　　　　　图 6-114

（3）按 Ctrl+I 组合键，弹出"导入"对话框，选择云盘中的"Ch06 > 素材 > 制作美食宣传单折页 > 06"文件。单击"导入"按钮，在页面中单击以导入图片。选择"选择"工具 ，拖曳图片到适当的位置，并调整图片的大小，如图 6-115 所示。按 Ctrl+PageDown 组合键，将图片向后移一层，如图 6-116 所示。

（4）选择"对象 > PowerClip > 置于图文框内部"命令，鼠标指针变为 形状，在矩形边框上单击，如图 6-117 所示。将图片置入矩形中，如图 6-118 所示。

（5）选择"矩形"工具 ，在适当的位置绘制一个矩形，如图 6-119 所示。设置矩形颜色的 CMYK 值为 40、0、98、0，填充矩形，并去除矩形的轮廓线，如图 6-120 所示。

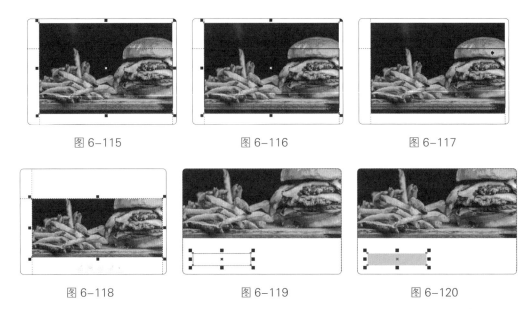

图6-115　　　　　　　图6-116　　　　　　　图6-117

图6-118　　　　　　　图6-119　　　　　　　图6-120

（6）在属性栏中设置"转角半径"如图6-121所示。按Enter键，效果如图6-122所示。

（7）选择"文本"工具字，在适当的位置输入需要的文字。选择"选择"工具，在属性栏中选择适当的字体并设置文字大小，如图6-123所示。选择"2点线"工具，按住Ctrl键在适当的位置绘制一条直线，如图6-124所示。

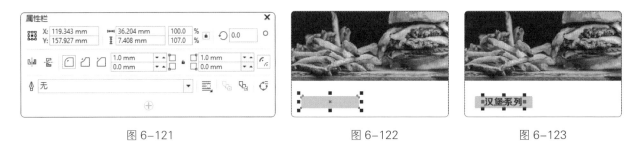

图6-121　　　　　　　　　　图6-122　　　　　　　　图6-123

（8）按F12键，弹出"轮廓笔"对话框，在"颜色"下拉列表中设置轮廓线颜色的CMYK值为40、0、98、0，其他设置如图6-125所示。单击"确定"按钮，效果如图6-126所示。

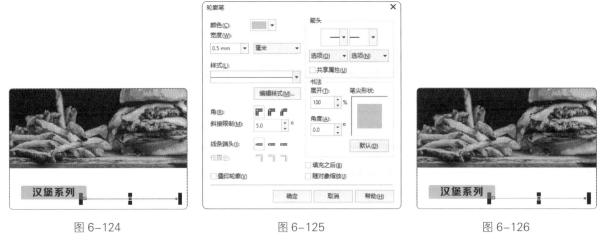

图6-124　　　　　　　　　　图6-125　　　　　　　　图6-126

（9）按Ctrl+I组合键，弹出"导入"对话框，选择云盘中的"Ch06 > 素材 > 制作美食

宣传单折页 > 07"文件。单击"导入"按钮，在页面中单击以导入图片。选择"选择"工具▶，拖曳图片到适当的位置，并调整图片的大小，如图 6-127 所示。

（10）选择"矩形"工具□，在适当的位置绘制一个矩形，如图 6-128 所示。在属性栏中将"转角半径"均设置为 1.0 mm，按 Enter 键，效果如图 6-129 所示（为了方便读者观看，这里以白色显示矩形的轮廓线）。

图 6-127

图 6-128

图 6-129

（11）选择"选择"工具▶，选择下方的汉堡包图片，选择"对象 > PowerClip > 置于图文框内部"命令，鼠标指针变为▶形状，在圆角矩形边框上单击，如图 6-130 所示。将图片置入圆角矩形中，效果如图 6-131 所示。

（12）选择"文本"工具字，在适当的位置输入需要的文字。选择"选择"工具▶，在属性栏中选择适当的字体并设置文字大小，如图 6-132 所示。

图 6-130

图 6-131

图 6-132

（13）选择"文本"工具字，在适当的位置添加一个文本框，如图 6-133 所示。在文本框中输入需要的文字，在属性栏中选择适当的字体并设置文字大小，如图 6-134 所示。

图 6-133

图 6-134

（14）在"文本属性"泊坞窗中，单击"两端对齐"按钮▤，其他设置如图 6-135 所示。按 Enter 键，效果如图 6-136 所示。

（15）选择"文本"工具字，在适当的位置输入需要的文字。选择"选择"工具▶，在属性栏中选择适当的字体并设置文字大小，如图 6-137 所示。

（16）选择"文本"工具字，选择数字"22.9"，在属性栏中选择适当的字体并设置文字大小，如图 6-138 所示。

（17）选择文字"元"，在属性栏中设置文字大小，效果如图 6-139 所示。选择文字"¥22.9"，设置文字颜色的 CMYK 值为 13、61、89、0，填充文字，如图 6-140 所示。

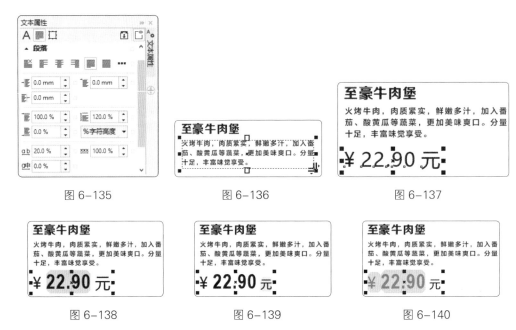

图 6-135　　　　　　　　　　图 6-136　　　　　　　　　　图 6-137

图 6-138　　　　　　　　　　图 6-139　　　　　　　　　　图 6-140

（18）用相同的方法导入其他图片，并制作图 6-141 所示的效果。选择"文本"工具 **字**，在适当的位置添加一个文本框，如图 6-142 所示。在文本框中输入需要的文字，在属性栏中选择适当的字体并设置文字大小，如图 6-143 所示。

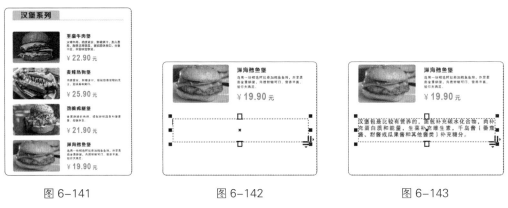

图 6-141　　　　　　　　　　图 6-142　　　　　　　　　　图 6-143

（19）在"文本属性"泊坞窗中，单击"两端对齐"按钮 ，其他设置如图 6-144 所示。按 Enter 键，效果如图 6-145 所示。用相同的方法制作"04"折面，美食宣传单折页制作完成，效果如图 6-146 所示。

图 6-144　　　　　　　　　　图 6-145　　　　　　　　　　图 6-146

6.2.5　扩展实践：制作文具宣传单

使用"文本"工具字、"形状"工具、"矩形"工具和"编辑填充"工具制作宣传单的标题文字；使用"轮廓图"工具为文字添加轮廓效果；使用"文本"工具字添加宣传性文字。最终效果参看云盘中的"Ch06 > 效果 > 制作文具品宣传单"文件，如图6-147所示。

图 6-147

微课

制作文具宣传单

任务 6.3　项目演练：制作化妆品宣传单

微课

制作化妆品宣传单

6.3.1　任务引入

伊美妆是一个涉足护肤、彩妆、香水等产品领域的护肤品牌，现推出夏季美妆节系列产品。本任务是为该系列产品制作一款宣传单，用于线下宣传，要求设计突出产品特色和活动信息。

6.3.2　设计理念

设计时，使用浅色的背景与深色的产品图片搭配，突出宣传主体；利用文字和图片巧妙地将版面分割开，使页面更加灵活、生动；活动名称和优惠信息采用较大字号显示，让人一目了然。最终效果参看云盘中的"Ch06 > 效果 > 制作化妆品宣传单"文件，如图6-148所示。

图 6-148

项目7

制作宣传海报
——海报设计

07

海报设计涵盖图形、文字、色彩等设计元素，其主题广泛，表现形式丰富，宣传效果出色。通过本项目的学习，读者可以掌握海报的设计方法和制作技巧。

学习引导

知识目标
- 了解海报的概念
- 掌握海报的分类和设计原则

能力目标
- 熟悉海报的设计思路
- 掌握海报的制作方法和技巧

素养目标
- 培养海报设计的创意思维
- 培养对海报的审美与鉴赏能力

实训项目
- 制作音乐演唱会海报
- 制作文化海报

相关知识： 海报设计基础

① 海报的概念

海报是广告的表现形式之一，用来完成一定的信息传播任务。海报经常以印刷品的形式张贴在公共场合，也会以数字化的形式在数字媒体上展示，如图7-1所示。

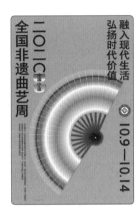
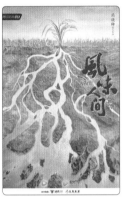

图7-1

② 海报的分类

按照用途，海报大致可以分为商业海报、文化海报和公益海报等，如图7-2所示。

图7-2

③ 海报的设计原则

海报的设计应该遵循一定的设计原则，包括强烈的视觉表现、精准的信息传播、独特的设计个性、悦目的美学效果等，遵循这些原则，设计效果就会更加出色，如图7-3所示。

图 7-3

任务 7.1　制作演唱会海报

微课　　微课
制作演唱会海　制作演唱会海
报1　　　报2

7.1.1　任务引入

本任务是制作演唱会海报，要求设计采用抽象风格，体现出演唱会的盛大。

7.1.2　设计理念

设计时，使用渐变的粉紫色背景营造出浪漫、温馨的氛围；月亮元素在点明演唱会主题的同时，给人暇想的空间，预示演唱会的盛大规模；文字整齐清晰，方便人们了解演唱会信息。最终效果参看云盘中的"Ch07 > 效果 > 制作演唱会海报"文件，如图 7-4 所示。

图 7-4

7.1.3　任务知识："转换为曲线"命令、"封套"工具

①　将文字转换为曲线

使用 CorelDRAW X8 的独特功能，可以轻松地创建出计算机字库中没有的文字。下面介绍具体的创建方法。

选择"文本"工具 字，输入两个具有创建文字所需偏旁的汉字，如图 7-5 所示。选择"选择"工具 选择文字，如图 7-6 所示。按 Ctrl+Q 组合键将文字转换为曲线，如图 7-7 所示。

机沅

图 7-5　　　　　图 7-6　　　　　图 7-7

按 Ctrl+K 组合键将转换为曲线的文字拆分，选择"选择"工具 ，选择所需偏旁，并将其移动到需要创建文字的位置，如图 7-8 所示。组合后的效果如图 7-9 所示。

组合好新文字后，选择"选择"工具 ，用圈选的方法选择新文字，如图 7-10 所示。按 Ctrl+G 组合键将新文字组合，如图 7-11 所示。新文字制作完成，如图 7-12 所示。

图 7-8　　　图 7-9　　　图 7-10　　　图 7-11　　　图 7-12

②　封套效果

使用"封套"工具 可以快速创建对象的封套效果，使文本、图形和位图产生丰富的变形效果。

打开一个要制作封套效果的图形，如图 7-13 所示。选择"封套"工具 ，单击图形，图形周围显示封套的控制线和控制点，如图 7-14 所示。按住鼠标左键拖曳需要调整的控制点到适当的位置后，松开鼠标左键，改变图形的形状，如图 7-15 所示。选择"选择"工具 ，按 Esc 键，取消选择图形，图形的封套效果如图 7-16 所示。

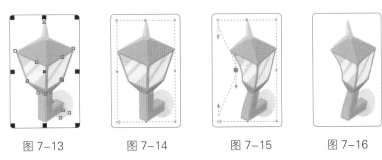

图 7-13　　　　图 7-14　　　　图 7-15　　　　图 7-16

在属性栏的"预设列表"下拉列表中可以选择需要的预设封套效果。单击"直线模式"按钮 、"单弧模式"按钮 、"双弧模式"按钮 和"非强制模式"按钮 可以设置 4 种不同的封套编辑模式。"映射模式"下拉列表中包含 4 种映射模式，分别是"水平"模式、"原始"模式、"自由变形"模式和"垂直"模式。使用映射模式可以使封套中的对象符合封套的形状，制作出需要的变形效果。

7.1.4　任务实施

①　添加并编辑宣传文字

（1）打开 CorelDRAW X8，按 Ctrl+N 组合键，新建一个文件。选择"视图 > 页 > 出血"命令，显示出血线。按 Ctrl+I 组合键，弹出"导入"对话框，选择云盘中的"Ch07 > 素材 > 制作演唱会海报 > 01.cdr"文件。单击"导入"按钮，在页面中单击以导入图片，如图 7-17

所示。按 P 键，将图片在页面中居中对齐，如图 7-18 所示。

（2）选择"文本"工具 字，输入需要的文字。选择"选择"工具 ，在属性栏中选择适当的字体并设置文字大小。设置文字颜色的 CMYK 值为 100、98、52、7，填充文字，如图 7-19 所示。

（3）选择"文本 > 文本属性"命令，在弹出的"文本属性"泊坞窗中进行设置，如图 7-20 所示。按 Enter 键，效果如图 7-21 所示。

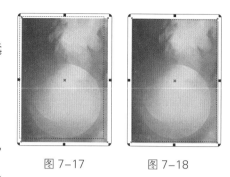

图 7-17　　　　图 7-18

（4）选择"文本"工具 字，在适当的位置输入需要的文字。选择"选择"工具 ，在属性栏中选择适当的字体并设置文字大小，如图 7-22 所示。将输入的文字同时选中，设置文字颜色的 CMYK 值为 100、98、52、7，填充文字，如图 7-23 所示。

图 7-19　　　　　　图 7-20　　　　　　图 7-21　　　　　　图 7-22

（5）选择"文本"工具 字，选择文字"演唱会"，在属性栏中选择适当的字体，如图 7-24 所示。选择"选择"工具 ，在属性栏中单击"文本对齐"按钮 ，在弹出的下拉列表中选择"居中"选项，如图 7-25 所示。文字对齐效果如图 7-26 所示。

图 7-23　　　　　　图 7-24　　　　　　图 7-25　　　　　　图 7-26

（6）选择"文本"工具 字，在适当的位置输入需要的文字。选择"选择"工具 ，在属性栏中选择适当的字体并设置文字大小，如图 7-27 所示。选择票价相关文字，设置文字颜色的 CMYK 值为 100、98、52、7，填充文字，如图 7-28 所示。

（7）选择"形状"工具 ，选择下方的文字，向下拖曳文字下方的 图标，调整文字的行距，如图 7-29 所示。选择"选择"工具 ，填充文字为白色，按住 Shift 键，选择票价相关文字。在属性栏中单击"文本对齐"按钮 ，在弹出的下拉列表中选择"居中"选项，文字对齐效果如图 7-30 所示。

图 7-27

图 7-28

图 7-29

图 7-30

2 制作演唱会标志

（1）选择"文本"工具 字，输入需要的文字。选择"选择"工具 ，在属性栏中选择适当的字体并设置文字大小，如图 7-31 所示。选择"形状"工具 ，选择文字"新月音乐"，向左拖曳文字下方的 图标，调整文字的间距，如图 7-32 所示。

（2）选择"选择"工具 ，按 Ctrl+K 组合键，将文字拆分，拆分完成后"新"字呈选中状态，如图 7-33 所示。按 Ctrl+Q 组合键，将文字转换为曲线。选择"形状"工具 ，按住 Shift 键，选择需要的节点，如图 7-34 所示。垂直向下拖曳节点到适当的位置，如图 7-35 所示。

图 7-31

图 7-32

图 7-33

图 7-34　图 7-35

（3）选择"形状"工具 ，在适当的位置双击添加两个节点，如图 7-36 所示。选择左下角的节点，按 Delete 键将其删除，如图 7-37 所示。

（4）增大显示比例。选择"形状"工具 ，按住 Shift 键选择需要的节点，在属性栏中单击"转换为曲线"按钮 ，节点上出现控制线，如图 7-38 所示。选择下方的节点，拖曳其控制线到适当的位置，如图 7-39 所示。选择左侧的节点，拖曳其控制线到适当的位置，如图 7-40 所示。

图 7-36

图 7-37

图 7-38

图 7-39　图 7-40

（5）选择"贝塞尔"工具 ∕，在适当的位置绘制一个不规则图形，如图 7-41 所示。选择"封套"工具 ⊠，选择文字"XINYUE YINYUE"，如图 7-42 所示。在属性栏中单击"直线模式"按钮 ⊡，拖曳文字左下角的节点到适当的位置，文字变形效果如图 7-43 所示。

图 7-41

图 7-42

图 7-43

（6）选择"选择"工具 ▶，按住 Shift 键单击不规则图形将其同时选中，如图 7-44 所示。单击属性栏中的"合并"按钮 ⬛，合并图形，填充图形为黑色，并去除图形的轮廓线，如图 7-45 所示。

（7）选择"选择"工具 ▶，用圈选的方法将图形和文字全部选中，按 Ctrl+G 组合键，将图形和文字群组。拖曳群组图形到适当的位置，并填充图形为白色，如图 7-46 所示。

图 7-44

图 7-45

图 7-46

（8）选择"文本"工具 字，在适当的位置输入需要的文字。选择"选择"工具 ▶，在属性栏中选择适当的字体并设置文字大小，如图 7-47 所示。

（9）选择"选择"工具 ▶，选择文字"咕芈"，在"文本属性"泊坞窗中进行设置，如图 7-48 所示。按 Enter 键，如图 7-49 所示。选择文字"在"，按 Ctrl+Q 组合键，将文字转换为曲线，如图 7-50 所示。

图 7-47

图 7-48

图 7-49

图 7-50

（10）选择"形状"工具 ⬚，用圈选的方法选择需要的节点，如图 7-51 所示。按住 Shift 键垂直向下拖曳节点到适当的位置，如图 7-52 所示。音乐演唱会海报制作完成，效果如图 7-53 所示。

图 7-51   图 7-52   图 7-53

7.1.5 扩展实践：制作手机海报

使用"钢笔"工具 ⬥ 和"置于图文框内部"命令制作海报的背景效果；使用"文本"工具 字、"贝塞尔"工具 ✐、"形状"工具 ⬗ 和"编辑锚点"按钮制作宣传文字；使用"转换为位图"命令制作文字的背景效果；使用"轮廓图"工具 ▣ 制作文字的立体效果；使用"导入"命令导入产品图片。最终效果参看云盘中的"Ch07 > 效果 > 制作手机海报"文件，如图 7-54 所示。

图 7-54

微课

制作手机海报

任务 7.2　制作文化海报

微课　　　　微课

制作文化海　制作文化海
报1　　　　报2

7.2.1 任务引入

本任务是为一场博物馆知识讲座制作文化海报，要求设计风格典雅、古朴，体现出博物馆的内涵。

7.2.2 设计理念

设计时，使用黄色的背景营造出典雅的氛围；文物图片整齐摆放，既展现出博物馆的文化底涵，也贴合此次讲座的主题；文字内容居于一侧，既丰富了画面，也让人们更清晰地了解讲座具体内容，提高参加兴趣。最终效果参看云盘中的"Ch07 > 效果 > 制作文化海报"文件，如图7-55所示。

图7-55

7.2.3 任务知识："对齐与分布"泊坞窗、"轮廓笔"工具

1 图形的对齐

使用"选择"工具 选择多个要对齐的对象，选择"对象 > 对齐和分布 > 对齐与分布"命令，或按 Ctrl+Shift+A 组合键，或单击属性栏中的"对齐与分布"按钮 ，弹出图7-56所示的"对齐与分布"泊坞窗。

在"对齐与分布"泊坞窗的"对齐"设置区中，有两组对齐方式可供选择，包括左对齐、水平居中对齐、右对齐和顶端对齐、垂直居中对齐、底端对齐。两组对齐方式可以单独使用，也可以配合使用，如右底端对齐、左顶端对齐等设置就需要配合使用两组对齐方式。

在"对齐对象到"设置区中可以选择对齐基准，其中有"活动对象"按钮 、"页面边缘"按钮 、"页面中心"按钮 、"网格"按钮 和"指定点"按钮 。对齐基准必须与对齐同时使用，以指定对象的某个部分和相应的基准线对齐。

选择"选择"工具 ，按住 Shift 键，选择几个要对齐的图形，如图7-57所示。注意要最后选择目标图形，因为其他图形将以目标图形为基准进行对齐。本例中以右下角的图形为目标图形，所以最后选择它。

选择"对象 > 对齐和分布 > 对齐与分布"命令，弹出"对齐与分布"泊坞窗，在该泊坞窗中单击"右对齐"按钮 ，如图7-58所示。几个图形以最后选择的图形的右边缘为基准进行对齐，如图7-59所示。

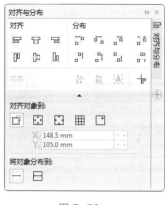

图7-56

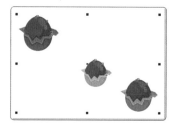

图7-57

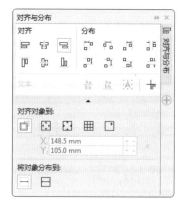

图7-58

在"对齐与分布"泊坞窗中单击"垂直居中对齐"按钮 ，然后单击"对齐对象到"设置区中的"页面中心"按钮 ，如图7-60所示。几个图形以页面中心为基准进行垂直居中对齐，如图7-61所示。

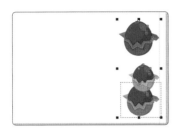

图 7-59

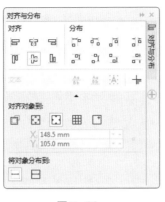

图 7-60

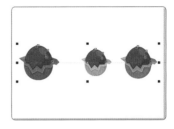

图 7-61

提示

在"对齐与分布"泊坞窗中还可以进行多种图形对齐方式的设置，只要多练习就可以很快掌握。

2 图形的分布

使用"选择"工具 选择多个要分布的图形，如图 7-62 所示，然后选择"对象 > 对齐和分布 > 对齐与分布"命令，弹出"对齐与分布"泊坞窗，在"分布"设置区中显示分布排列的按钮，如图 7-63 所示。

对象有两种分布形式，分别是沿垂直方向分布和沿水平方向分布。可以选择不同的基准来分布对象。

在"将对象分布到"设置区中，分别单击"选定的范围"按钮 和"页面范围"按钮 ，按图 7-64 所示的进行设置，几个图形的分布效果如图 7-65 所示。

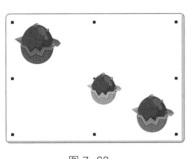

图 7-62

图 7-63

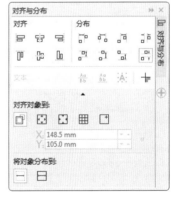

图 7-64

3 轮廓工具

◎ 使用轮廓工具

选项"轮廓笔"工具 ，弹出该工具的展开工具栏，如图 7-66 所示。

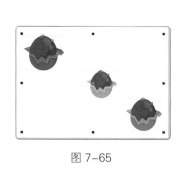

图 7-65

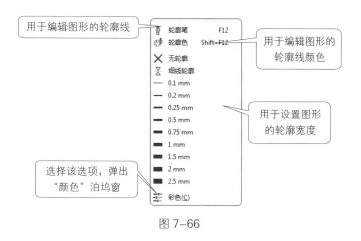

图 7-66

◎ 设置轮廓线的颜色

绘制一个图形，并使图形处于选中状态。选择"轮廓笔"工具，弹出"轮廓笔"对话框，如图 7-67 所示。

在"轮廓笔"对话框中，通过"颜色"下拉列表可以设置轮廓线的颜色，在 CorelDRAW 的默认状态下，轮廓线为黑色。在"颜色"右侧的下拉按钮▼上单击，打开"颜色"下拉列表，如图 7-68 所示。在"颜色"下拉列表中可以设置需要的颜色。

设置好需要的颜色后，单击"确定"按钮，可以改变轮廓线的颜色。

提示　在图形被选中的状态下，直接在调色板中需要的色块上单击鼠标右键，可以快速设置轮廓线颜色。

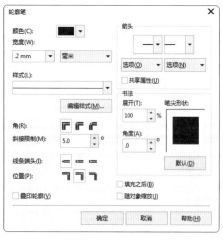

图 7-67

图 7-68

◎ 设置轮廓线的粗细及样式

在"轮廓笔"对话框中，通过"宽度"选项可以设置轮廓线的宽度和宽度的单位。在"宽度"选项左侧的下拉按钮▼上单击，弹出下拉列表，在其中可以选择宽度数值，如图 7-69 所示，也可以在数值框中直接输入宽度数值。在"宽度"选项右侧的下拉按钮▼上单击，弹出下拉列表，在其中可以选择宽度的单位，如图7-70所示。在"样式"选项的下拉按钮▼上单击，弹出下拉列表，在其中可以选择轮廓线的样式，如图7-71所示。

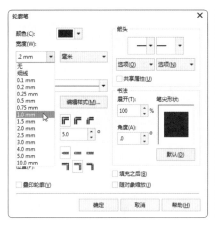
图 7-69

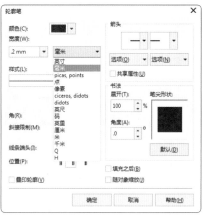
图 7-70

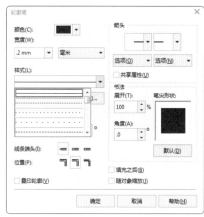
图 7-71

◎ 设置轮廓角的样式及端头样式

在"轮廓笔"对话框中的"角"设置区中可以设置轮廓角的样式，如图7-72所示。"角"设置区提供了3种拐角的方式，它们分别是斜接角、圆角和平角。

将轮廓线的宽度增加（因为较细的轮廓线设置拐角后的效果不明显），3种拐角的效果如图7-73所示。

在"轮廓笔"对话框中的"线条端头"设置区中可以设置线条端头的样式，如图7-74所示，3种样式分别是方形端头、圆形端头、延伸方形端头。3种端头样式的效果如图7-75所示。

图 7-72　　　　　　　图 7-73　　　　　　　图 7-74　　　　　　　图 7-75

在"轮廓笔"对话框中的"箭头"设置区中可以设置线条两端的箭头样式，如图7-76所示。

"箭头"设置区中提供了两个样式框，左侧的样式框用来设置箭头样式，单击该样式框的下拉按钮▼，弹出"箭头样式"下拉列表，如图7-77所示。右侧的样式框用来设置箭尾样式，单击该样式框的下拉按钮▼，弹出"箭尾样式"下拉列表，如图7-78所示。

在"轮廓笔"对话框中勾选"填充之后"复选框，图形的轮廓将置于图形的填充区域之后。图形的填充区域会遮挡图形的轮廓，只能观察到轮廓一定宽度的颜色。

在"轮廓笔"对话框中勾选"随对象缩放"复选框，在缩放图形时，图形的轮廓线会根据图形的大小而改变，使图形的整体效果保持不变。如果不勾选此复选框，在缩放图形时，图形的轮廓线不会根据图形的大小而改变，轮廓线和填充区域不能保持原图形的效果，图形的整体效果就会被破坏。

◎ 复制轮廓属性

当设置好一个图形的轮廓属性后，可以将它的轮廓属性复制给其他图形。下面介绍复制轮廓属性的具体操作。

绘制两个图形，如图 7-79 所示。设置左侧图形的轮廓属性，如图 7-80 所示。

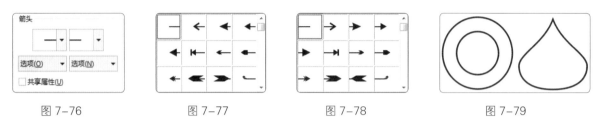

图 7-76   图 7-77   图 7-78   图 7-79

按住鼠标右键并拖曳，将左侧的图形拖曳到右侧的图形上，当鼠标指针变为 ⊕ 形状后，松开鼠标右键，弹出图 7-81 所示的快捷菜单。在快捷菜单中选择"复制轮廓"命令，左侧图形的轮廓属性就复制到右侧的图形上，如图 7-82 所示。

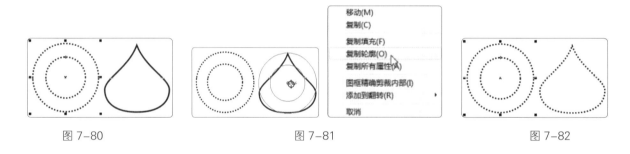

图 7-80   图 7-81   图 7-82

7.2.4 任务实施

1 导入并排列图片

（1）打开 CorelDRAW X8，按 Ctrl+N 组合键，弹出"创建新文档"对话框，设置文档的宽度为 420 mm、高度为 570 mm、方向为纵向、原色模式为 CMYK、分辨率为 300 dpi，单击"确定"按钮，创建一个文档。

（2）双击"矩形"工具□，绘制一个与页面大小相等的矩形，设置矩形颜色的 CMYK 值为 9、24、85、0，填充矩形，并去除矩形的轮廓线，如图 7-83 所示。

（3）按 Ctrl+I 组合键，弹出"导入"对话框，选择云盘中的"Ch07 > 素材 > 制作文化海报 > 01 ~ 11"文件。单击"导入"按钮，在页面中单击以导入图片。选择"选择"工具▶，拖曳图片到适当的位置，如图 7-84 所示。

（4）选择"选择"工具▶，按住 Shift 键依次单击需要的图片将其同时选中，如图 7-85 所示（从左至右依次单击，将最右侧的图片作为目标对象）。

（5）选择"对象 > 对齐和分布 > 对齐与分布"命令，弹出"对齐与分布"泊坞窗，在其中单击"底端对齐"按钮 ，如图 7-86 所示。图形底端对齐的效果如图 7-87 所示。

图 7-83   图 7-84   图 7-85   图 7-86

（6）选择"选择"工具 ，按住 Shift 键依次单击需要的图片将其同时选中，如图 7-88 所示。在"对齐与分布"泊坞窗中单击"左对齐"按钮 ，如图 7-89 所示。图形左对齐的效果如图 7-90 所示（从下至上依次单击，将顶端的图片作为目标对象）。

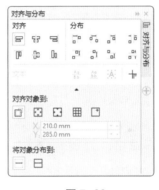

图 7-87   图 7-88   图 7-89   图 7-90

（7）选择"选择"工具 ，按住 Shift 键依次单击需要的图片将其同时选中，如图 7-91 所示。在"对齐与分布"泊坞窗中单击"右对齐"按钮 ，如图 7-92 所示。图形右对齐的效果如图 7-93 所示（从上至下依次单击，将底端的图片作为目标对象）。

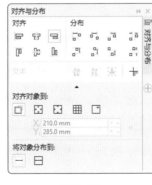

图 7-91   图 7-92   图 7-93

❷ 添加宣传性文字

（1）选择"文本"工具 ，在适当的位置输入需要的文字。选择"选择"工具 ，在属性栏中选择适当的字体并设置文字大小，单击"将文本更改为垂直方向"按钮，更改文字方向，如图 7-94 所示。设置文字颜色的 CMYK 值为 90、80、30、0，填充文字，如图 7-95 所示。

　　　　图 7-94　　　　　　　　　　　　　图 7-95

（2）选择"文本"工具，在适当的位置添加一个文本框，如图 7-96 所示。在文本框中输入需要的文字，在属性栏中选择适当的字体并设置文字大小，如图 7-97 所示。设置文字颜色的 CMYK 值为 90、80、30、0，填充文字，如图 7-98 所示。

（3）选择"文本 > 文本属性"命令，在弹出的"文本属性"泊坞窗中进行设置，如图 7-99 所示。按 Enter 键，效果如图 7-100 所示。

图 7-96　　　　图 7-97　　　　图 7-98　　　　　图 7-99　　　　　图 7-100

（4）选择"文本"工具，在适当的位置添加一个文本框，在属性栏中单击"将文本更改为水平方向"按钮，更改文字方向，如图 7-101 所示。在文本框中输入需要的文字，在属性栏中选择适当的字体并设置文字大小，如图 7-102 所示。设置文字颜色的 CMYK 值为 90、80、30、0，填充文字，如图 7-103 所示。

（5）在"文本属性"泊坞窗中进行设置，如图 7-104 所示。按 Enter 键，效果如图 7-105 所示。

（6）选择"文本"工具，选择文字"沈北场"，在属性栏中设置文字大小，如图 7-106 所示。选择文字"道和五艺文化馆"，在属性栏中设置文字大小，如图 7-107 所示。用相同的方法选择其他文字，并设置相应的文字大小，如图 7-108 所示。

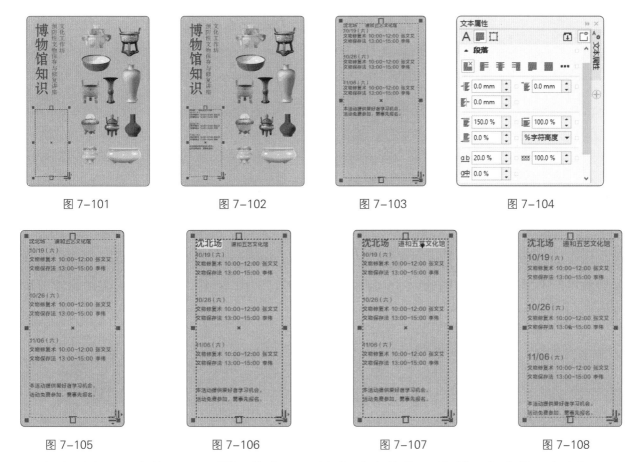

图 7-101　　　　　图 7-102　　　　　图 7-103　　　　　图 7-104

图 7-105　　　　　图 7-106　　　　　图 7-107　　　　　图 7-108

（7）选择"2点线"工具 ，按住 Ctrl 键在适当的位置绘制一条直线，如图 7-109 所示。按 F12 键，弹出"轮廓笔"对话框，在"颜色"下拉列表中设置轮廓线颜色的 CMYK 值为 90、80、30、0，其他设置如图 7-110 所示。单击"确定"按钮，效果如图 7-111 所示。

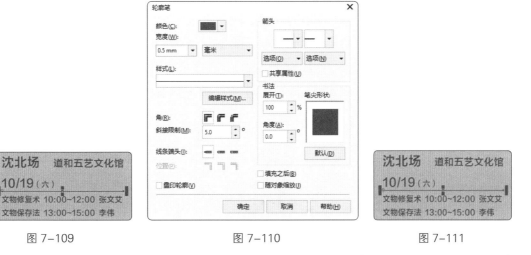

图 7-109　　　　　　　　　图 7-110　　　　　　　　　图 7-111

（8）选择"选择"工具 ，按数字键盘上的 + 键，复制直线。按住 Shift 键垂直向下拖曳复制的直线到适当的位置，效果如图 7-112 所示。按 Ctrl+D 组合键，再复制一条直线，如图 7-113 所示。

图 7-112　　　　　　　　　　　　图 7-113

（9）选择"文本"工具**字**，在适当的位置输入需要的文字。选择"选择"工具，在属性栏中选择适当的字体并设置文字大小，如图 7-114 所示。将输入的文字同时选中，设置文字颜色的 CMYK 值为 90、80、30、0，填充文字，如图 7-115 所示。文化海报制作完成，效果如图 7-116 所示。

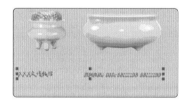
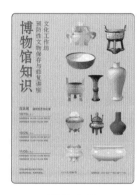

图 7-114　　　　　　　　　　图 7-115　　　　　　　　　　图 7-116

7.2.5　扩展实践：制作重阳节海报

使用"导入"命令、"透明度"工具 和"置于图文框内部"命令制作海报的背景效果；使用"贝塞尔"工具 、"文本"工具**字**、"合并"命令制作印章；使用"文本"工具**字**添加介绍文字。最终效果参看云盘中的"Ch07 > 效果 > 制作重阳节海报"文件，如图 7-117 所示。

图 7-117

微课

制作重阳节海报

任务 7.3　项目演练：制作双 11 海报

7.3.1　任务引入

本任务是要为一家电器公司制作双 11 活动海报用于宣传，要求设计以营销活动为主题，体现出活动规模。

7.3.2　设计理念

设计时，使用紫色的背景搭配装饰图案，烘托出活动的热闹氛围；画面主体以设计文字为主，大胆、醒目，使宣传主题更加突出。最终效果参看云盘中的"Ch07 > 效果 > 制作双 11 海报"文件，如图 7-118 所示。

图 7-118

微课

制作双 11 海报

项目8

制作电商广告
——横版广告设计

08

横版广告是帮助品牌提高转化率的重要手段，可能直接影响到用户是否购买产品或参加活动，因此横板广告设计对于产品销售至关重要。通过本项目的学习，读者可以掌握横版广告的设计方法和制作技巧。

学习引导

知识目标
- 了解横版广告的概念
- 掌握横版广告的设计风格和版式构图

能力目标
- 熟悉横版广告的设计思路
- 掌握横版广告的制作方法和技巧

素养目标
- 培养横版广告设计的创意思维
- 培养对横版广告的审美与鉴赏能力

实训项目
- 制作 App 首页女装广告
- 制作女鞋电商广告

相关知识：横版广告设计基础

1 横版广告的概念

横版广告是网络广告常见的形式，可以用来宣传、展示相关活动或产品，从而提高品牌转化率。它常用于 Web 界面、App 界面或户外展示等，如图 8-1 所示。

图 8-1

2 横版广告的设计风格

横版广告的设计风格丰富多样，有传统风格、极简风格、插画风格、写实风格、3D 风格等，如图 8-2 所示。

图 8-2

3 横版广告的版式构图

横版广告的版式构图比较丰富，常用的版式构图有左右构图、上下构图、左中右构图、上中下构图、对角线构图、十字形构图和包围形构图等。图 8-3 所示为左右构图和左中右构图。

图 8-3

任务 8.1　制作 App 首页女装广告

微课
制作App首页女装广告1

微课
制作App首页女装广告2

8.1.1　任务引入

本任务是为某女装店制作 App 首页广告，要求设计能展示出店铺夏季活动，风格青春、阳光。

8.1.2　设计理念

设计时，以夏季女装为主题，使用直观醒目的文字来诠释广告内容，突出活动力度；搭配模特图片，给人青春洋溢的感觉。整体版式活而不散，充满活力。最终效果参看云盘中的"Ch08 > 效果 > 制作 App 首页女装广告"文件，如图 8-4 所示。

图 8-4

8.1.3　任务知识："多边形"工具、"阴影"工具和滤镜

❶ "多边形"工具

◎ 绘制对称多边形

选择"多边形"工具 ⬠，按住鼠标左键，在页面中拖曳鼠标指针到需要的位置，松开鼠标左键，对称多边形绘制完成，如图 8-5 所示。属性栏如图 8-6 所示。

设置属性栏中"点数或边数"的数值为 9，如图 8-7 所示。按 Enter 键，对称多边形如图 8-8 所示。

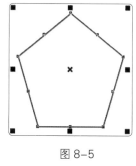

图 8-5

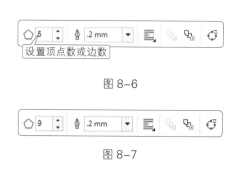

设置顶点数或边数

图 8-6

图 8-7

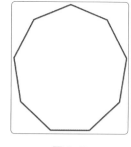

图 8-8

◎ 绘制星形

选择"多边形"工具 ⬠，在其拓展工具栏中选择"星形"工具 ☆，按住鼠标左键，在页面中拖曳鼠标指针到需要的位置，松开鼠标左键，星形绘制完成，如图 8-9 所示。属性栏如图 8-10 所示。设置属性栏中"点数或边数"的数值为 8、"锐度"的数值为 30，如图 8-11 所示。

按 Enter 键，星形效果如图 8-12 所示。

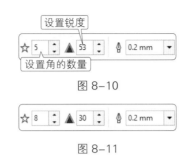

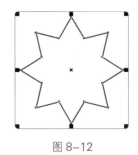

图 8-9   图 8-10   图 8-12

图 8-11

◎ 绘制复杂星形

选择"多边形"工具○在其拓展工具栏中选择"复杂星形"工具✿，按住鼠标左键，在页面中拖曳鼠标指针到需要的位置，松开鼠标左键，复杂星形绘制完成，如图 8-13 所示。属性栏如图 8-14 所示。设置属性栏中"点数或边数"的数值为 12、"锐度"的数值为 4，如图 8-15 所示。按 Enter 键，复杂星形的效果如图 8-16 所示。

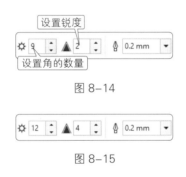

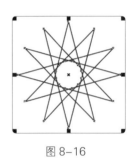

图 8-13   图 8-14   图 8-16

图 8-15

◎ 使用鼠标拖曳多边形的节点来绘制星形

绘制一个多边形，如图 8-17 所示。选择"形状"工具↖，单击轮廓线上的节点，按住鼠标左键，如图 8-18 所示，向多边形内或外侧拖曳，如图 8-19 所示，可以将多边形改变为星形，如图 8-20 所示。

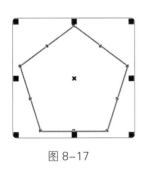

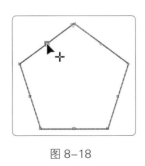

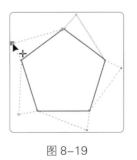

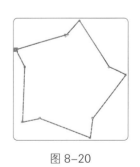

图 8-17   图 8-18   图 8-19   图 8-20

2 阴影效果

阴影效果是经常使用的一种特效，使用"阴影"工具▢可以快速为图形制作阴影效果，还可以设置阴影的透明度、角度、位置、颜色和羽化程度。下面介绍如何制作阴影效果。

打开一个图形，使用"选择"工具▶选择要制作阴影效果的图形，如图 8-21 所示。选择"阴影"工具▢，将鼠标指针放在图形上，按住鼠标左键并向阴影投射的方向拖曳，如图 8-22 所示。

拖曳到需要的位置后松开鼠标左键，阴影效果如图 8-23 所示。

拖曳阴影控制线上的━图标，可以调节阴影的透光度。该图标越靠近□图标，透光度越小，阴影越淡，效果如图 8-24 所示。该图标越靠近■图标，透光度越大，阴影越浓，如图 8-25 所示。

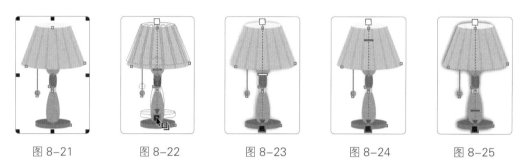

图 8-21　　　　图 8-22　　　　图 8-23　　　　图 8-24　　　　图 8-25

"阴影"工具▣的属性栏如图 8-26 所示其中部分按钮、选项的含义如下。

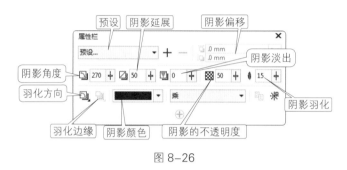

图 8-26

- "预设"下拉列表 [预设...▾]：在其下拉列表中可以选择需要的预设阴影效果，单击其后的 ➕ 或 ➖ 按钮，可以添加或删除下拉列表中的阴影效果。

- "阴影偏移"数值框 [7.0 mm / -5.0 mm]、"阴影角度"数值框 [270]：分别设置阴影的偏移位置和角度。

- "阴影延展"数值框 [50]、"阴影淡出"数值框 [0]：分别调整阴影的长度和阴影边缘的淡化程度。

- "阴影的不透明"数值框 [50]：设置阴影的不透明度。

- "阴影羽化"数值框 [15]：设置阴影的羽化程度。

- "羽化方向"按钮▣：设置阴影的羽化方向，单击此按钮可弹出"羽化方向"下拉列表，如图 8-27 所示。

- "羽化边缘"按钮▣：设置阴影的羽化边缘模式，单击此按钮可弹出"羽化边缘"下拉列表，如图 8-28 所示。

- "阴影颜色"下拉列表 [■▾]：可以改变阴影的颜色。

❸ 三维效果

选择导入的位图，选择"位图 > 三维效果"子菜单下的命令，如图 8-29 所示。CorelDRAW X8 提供了 7 种不同的三维效果，下面介绍几种常用的三维效果。

图 8-27　　　　　　　　　　图 8-28　　　　　　　　　　图 8-29

◎三维旋转

选择"位图 > 三维效果 > 三维旋转"命令，弹出"三维旋转"对话框。单击对话框中的回按钮，显示对照预览窗口，如图 8-30 所示。左侧预览窗口显示的是原始位图效果，右侧预览窗口显示的是完成设置后的位图效果。

◎柱面

选择"位图 > 三维效果 > 柱面"命令，弹出"柱面"对话框，单击对话框中的回按钮，显示对照预览窗口，如图 8-31 所示。

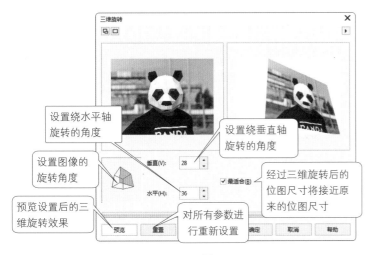

图 8-30

图 8-31

提示

在对话框的左侧预览窗口中单击可以放大位图，单击鼠标右键可以缩小位图。按住 Ctrl 键在左侧预览窗口中单击可以显示整张位图。

◎ 卷页

选择"位图 > 三维效果 > 卷页"命令，弹出"卷页"对话框，单击对话框中的回按钮，显示对照预览窗口，如图 8-32 所示。

◎ 球面

选择"位图 > 三维效果 > 球面"命令，弹出"球面"对话框，单击对话框中的回按钮，显示对照预览窗口，如图 8-33 所示。

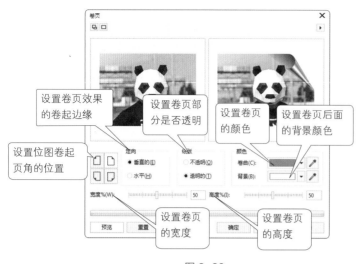

图 8-32　　　　　　　　　　　　　　　　　　　　　　图 8-33

④ 艺术笔触

选择位图，选择"位图 > 艺术笔触"子菜单下的命令，如图 8-34 所示。CorelDRAW X8 提供了 14 种不同的艺术笔触效果，下面介绍几种常用的艺术笔触。

◎ 炭笔画

选择"位图 > 艺术笔触 > 炭笔画"命令，弹出"炭笔画"对话框，单击对话框中的按钮，显示对照预览窗口，如图 8-35 所示。

◎ 印象派

选择"位图 > 艺术笔触 > 印象派"命令，弹出"印象派"对话框，单击对话框中的按钮，显示对照预览窗口，如图 8-36 所示。

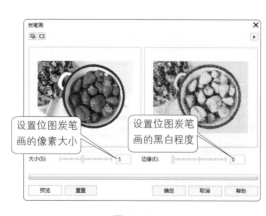

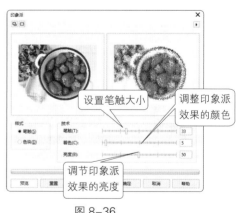

图 8-34　　　　　　　　　　图 8-35　　　　　　　　　　图 8-36

◎ 调色刀

选择"位图 > 艺术笔触 > 调色刀"命令，弹出"调色刀"对话框，单击对话框中的按钮，显示对照预览窗口，如图 8-37 所示。

◎ 素描

选择"位图 > 艺术笔触 > 素描"命令，弹出"素描"对话框，单击对话框中的▣按钮，显示对照预览窗口，如图 8-38 所示。

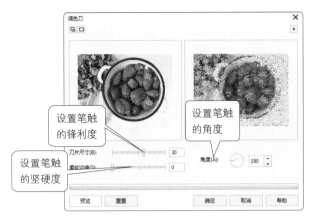

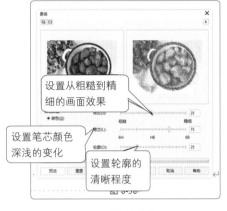

图 8-37   图 8-38

其中主要选项的功能如下。

- 样式：设置从粗糙到精细的画面效果。数值越大，画面越精细。
- 笔芯：设置笔芯颜色深浅的变化。数值越大，笔芯越软，画面越精细。
- 轮廓：设置轮廓的清晰程度。数值越大，轮廓越清晰。

5 模糊

选择一张图片，选择"位图 > 模糊"子菜单下的命令，如图 8-39 所示。CorelDRAW X8 提供了 10 种不同的模糊效果，下面介绍其中两种常用的模糊效果。

◎ 高斯式模糊

选择"位图 > 模糊 > 高斯式模糊"命令，弹出"高斯式模糊"对话框，单击对话框中的▣按钮，显示对照预览窗口，如图 8-40 所示。

图 8-39   图 8-40

◎ 缩放

选择"位图 > 模糊 > 缩放"命令，弹出"缩放"对话框，单击对话框中的▣按钮，显示对照预览窗口，如图 8-41 所示。

6 **颜色变换**

选择位图，选择"位图＞颜色转换"子菜单下的命令，如图 8-42 所示。CorelDRAW X8 提供了 4 种不同的颜色变换效果，下面介绍其中两种常用的颜色变换效果。

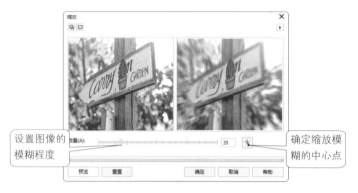

图 8-41　　　　　　　　　　　　　　　　　图 8-42

◎ 半色调

选择"位图＞颜色转换＞半色调"命令，弹出"半色调"对话框，单击对话框中的回按钮，显示对照预览窗口，如图 8-43 所示。

◎ 曝光

选择"位图＞颜色转换＞曝光"命令，弹出"曝光"对话框，单击对话框中的回按钮，显示对照预览窗口，如图 8-44 所示。

图 8-43　　　　　　　　　　　　　　　　　图 8-44

7 **轮廓图**

选择位图，选择"位图＞轮廓图"子菜单下的命令，如图 8-45 所示。CorelDRAW X8 提供了 3 种不同的轮廓图效果，下面介绍其中两种常用的轮廓图效果。

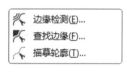

图 8-45

◎ 边缘检测

选择"位图＞轮廓图＞边缘检测"命令，弹出"边缘检测"对话框，单击对话框中的回按钮，显示对照预览窗口，如图 8-46 所示。

◎ 查找边缘

选择"位图 > 轮廓图 > 查找边缘"命令，弹出"查找边缘"对话框，单击对话框中的█按钮，显示对照预览窗口，如图 8-47 所示。

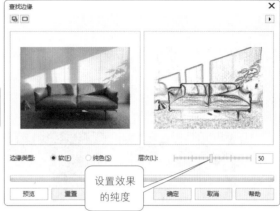

图 8-46　　　　　　　　　　　　　　图 8-47

⑧ 创造性

选择位图，选择"位图 > 创造性"子菜单下的命令，如图 8-48 所示。CorelDRAW X8 提供了 14 种不同的创造性效果，下面介绍 4 种常用的创造性效果。

◎ 框架

选择"位图 > 创造性 > 框架"命令，弹出"框架"对话框，选择"修改"选项卡，单击对话框中的█按钮，显示对照预览窗口，如图 8-49 所示。

◎ 马赛克

选择"位图 > 创造性 > 马赛克"命令，弹出"马赛克"对话框，单击对话框中的█按钮，显示对照预览窗口，如图 8-50 所示。其中主要选项的功能如下。对齐：用于在图像窗口中设定框架效果的中心点。回到中心位置：用于在图像窗口中重新设定中心点。

图 8-48

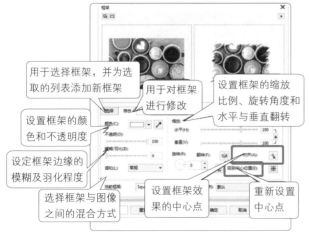
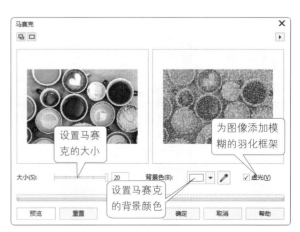

图 8-49　　　　　　　　　　　　　　图 8-50

◎ 彩色玻璃

选择"位图 > 创造性 > 彩色玻璃"命令，弹出"彩色玻璃"对话框，单击对话框中的▣按钮，显示对照预览窗口，如图 8-51 所示。

◎ 虚光

选择"位图 > 创造性 > 虚光"命令，弹出"虚光"对话框，单击对话框中的▣按钮，显示对照预览窗口，如图 8-52 所示。

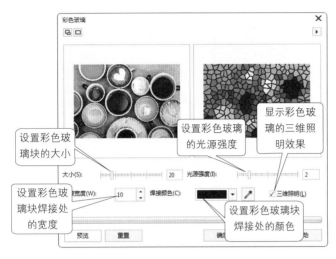

图 8-51　　　　　　　　　　　图 8-52

⑨ 扭曲

选择位图，选择"位图 > 扭曲"子菜单下的命令，如图 8-53 所示。CorelDRAW X8 提供了 11 种不同的扭曲效果，下面介绍几种常用的扭曲效果。

◎ 块状

选择"位图 > 扭曲 > 块状"命令，弹出"块状"对话框，单击对话框中的▣按钮，显示对照预览窗口，如图 8-54 所示。

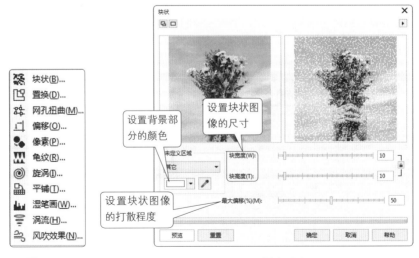

图 8-53　　　　　　　　　　　图 8-54

◎ 置换

选择"位图 > 扭曲 > 置换"命令，弹出"置换"对话框，单击对话框中的▥按钮，显示对照预览窗口，如图 8-55 所示。

图 8-55

◎ 像素

选择"位图 > 扭曲 > 像素"命令，弹出"像素"对话框，单击对话框中的▥按钮，显示对照预览窗口，如图 8-56 所示。

◎ 龟纹

选择"位图 > 扭曲 > 龟纹"命令，弹出"龟纹"对话框，单击对话框中的▥按钮，显示对照预览窗口，如图 8-57 所示。

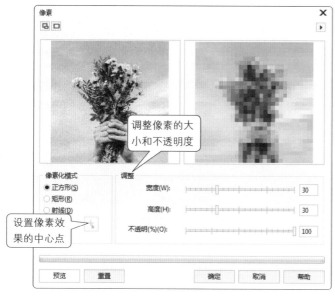

图 8-56   图 8-57

⑩ **杂点**

选择位图，选择"位图 > 杂点"子菜单下的命令，如图 8-58 所示。
CorelDRAW X8 提供了 6 种不同的杂点效果，下面介绍几种常见的杂点效果。

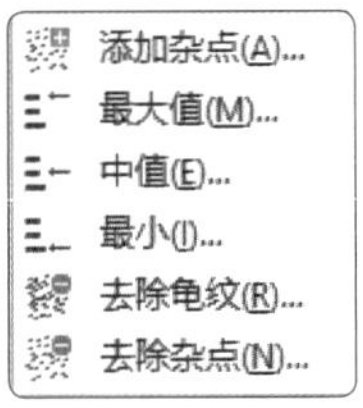

◎ 添加杂点

选择"位图 > 杂点 > 添加杂点"命令，弹出"添加杂点"对话框，单击
对话框中的⊡按钮，显示对照预览窗口，如图 8-59 所示。

◎ 去除龟纹

选择"位图 > 杂点 > 去除龟纹"命令，弹出"去除龟纹"对话框，单击对话框中的⊡按
钮，显示对照预览窗口，如图 8-60 所示。

图 8-58

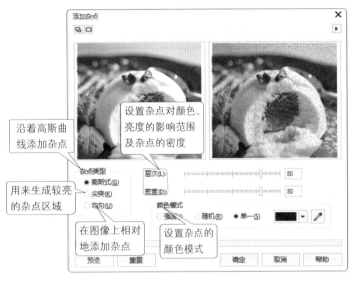

图 8-59

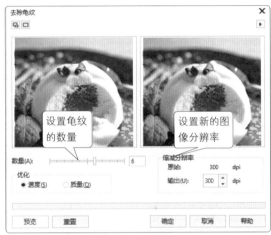

图 8-60

⑪ **鲜明化**

选择位图，选择"位图 > 鲜明化"子菜单下的命令，如图 8-61 所示。
CorelDRAW X8 提供了 5 种不同的鲜明化效果，下面介绍几种常见的鲜明化
效果。

图 8-61

◎ 高通滤波器

选择"位图 > 鲜明化 > 高通滤波器"命令，弹出"高通滤波器"对话框，
单击对话框中的⊡按钮，显示对照预览窗口，如图 8-62 所示。

◎ 非鲜明化遮罩

选择"位图 > 鲜明化 > 非鲜明化遮罩"命令，弹出"非鲜明化遮罩"对话框，单击
对话框中的⊡按钮，显示对照预览窗口，如图 8-63 所示。

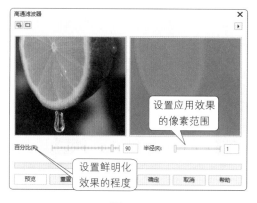

图 8-62

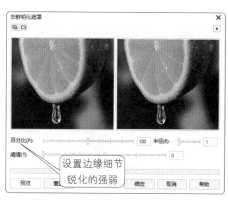

图 8-63

8.1.4 任务实施

1 添加广告底图和标题文字

（1）打开 CorelDRAW X8，按 Ctrl+N 组合键，弹出"创建新文档"对话框，设置文档的宽度为 750 px、高度为 360 px、方向为横向、原色模式为 RGB、分辨率为 72 dpi，单击"确定"按钮，创建一个文档。

（2）双击"矩形"工具 □，绘制一个与页面大小相等的矩形，设置矩形颜色的 RGB 值为 30、218、253，填充矩形，并去除矩形的轮廓线，如图 8-64 所示。

（3）按 Ctrl+I 组合键，弹出"导入"对话框，选择云盘中的"Ch08 > 素材 > 制作 App 首页女装广告 > 01"文件。单击"导入"按钮，在页面中单击以导入图片。选择"选择"工具 ，拖曳人物图片到适当的位置，并调整其大小，如图 8-65 所示。

（4）选择"效果 > 调整 > 色度 / 饱和度 / 亮度"命令，在弹出的对话框中进行设置，如图 8-66 所示。单击"确定"按钮，如图 8-67 所示。

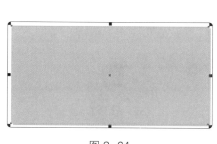

图 8-64

图 8-65

图 8-66

（5）按 Ctrl+I 组合键，弹出"导入"对话框，选择云盘中的"Ch08 > 素材 > 制作 App 首页女装广告 > 02"文件。单击"导入"按钮，在页面中单击以导入图片。选择"选择"工

具 ，拖曳衣服图片到适当的位置，并调整其大小，如图 8-68 所示。在属性栏的"旋转角度"数值框中设置数值为 10，按 Enter 键，效果如图 8-69 所示。

图 8-67　　　　　图 8-68　　　　　图 8-69

（6）选择"选择"工具，用圈选的方法将所有图片同时选中，如图 8-70 所示。选择"对象 > PowerClip > 置于图文框内部"命令，鼠标指针变为 形状，在下方的矩形上单击，如图 8-71 所示。将选择的图片置入下方的矩形中，如图 8-72 所示。

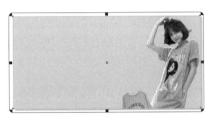

图 8-70　　　　　图 8-71　　　　　图 8-72

（7）选择"贝塞尔"工具，在适当的位置绘制一个不规则图形，如图 8-73 所示。选择"选择"工具，填充图形为白色，并在属性栏的"轮廓宽度"数值框中设置数值为 3。按 Enter键，效果如图 8-74 所示。

图 8-73　　　　　　　　图 8-74

（8）选择"阴影"工具，按住鼠标左键，在图形中从中向右下拖曳鼠标指针，为图形添加阴影效果，属性栏中的设置如图 8-75 所示。按 Enter 键，效果如图 8-76 所示。

图 8-75　　　　　　　　图 8-76

（9）选择"文本"工具，在页面中输入需要的文字。选择"选择"工具，在属性栏中选择适当的字体并设置文字大小，如图 8-77 所示。选择需要的文字，设置文字颜色的 RGB 值为 253、6、101，填充文字，如图 8-78 所示。

图 8-77　　　　　　　　　　　　　　　　　　图 8-78

（10）选择"文本 > 文本属性"命令，在弹出的"文本属性"泊坞窗中进行设置，如图 8-79 所示。按 Enter 键，效果如图 8-80 所示。

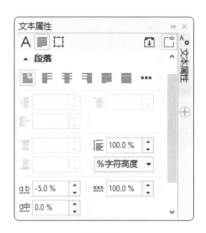

图 8-79　　　　　　　　　　　　　　　　　　图 8-80

❷ 添加装饰星形和其他文字

（1）选择"矩形"工具▢，在适当的位置绘制一个矩形，设置矩形颜色的 RGB 值为 253、6、101，填充矩形，并去除矩形的轮廓线，如图 8-81 所示。

（2）按数字键盘上的 + 键，复制矩形。选择"选择"工具▶，向左上方拖曳复制的矩形到适当的位置。设置矩形颜色的 RGB 值为 73、66、160，填充矩形，如图 8-82 所示。

图 8-81　　　　　　　　　　　　　　　　　　图 8-82

（3）选择"调和"工具⬡，在两个矩形之间按住鼠标左键并拖曳，添加调和效果，属性栏中的设置如图 8-83 所示。按 Enter 键，效果如图 8-84 所示。

（4）选择"文本"工具**字**，在适当的位置输入需要的文字。选择"选择"工具▶，在属性栏中选择适当的字体并设置文字大小，填充文字为白色，如图 8-85 所示。

图 8-83　　　　　　　　　　图 8-84　　　　　　　　　　图 8-85

（5）选择"椭圆形"工具 ○，按住 Ctrl 键在适当的位置绘制一个圆形，并在属性栏的"轮廓宽度"数值框中设置数值为 3，按 Enter 键。设置圆形颜色的 RGB 值为 253、6、101，填充圆形，如图 8-86 所示。

（6）选择"文本"工具 字，在适当的位置输入需要的文字。选择"选择"工具 ▶，在属性栏中选择适当的字体并设置文字大小，填充文字为白色，如图 8-87 所示。在属性栏的"旋转角度"数值框中设置数值为 –20，按 Enter 键，效果如图 8-88 所示。

图 8-86　　　　　　　　　　图 8-87　　　　　　　　　　图 8-88

（7）选择"星形"工具 ☆，属性栏中的设置如图 8-89 所示。在适当的位置绘制一个星形，如图 8-90 所示。设置星形颜色的 RGB 值为 255、234、0，填充星形，如图 8-91 所示。

图 8-89　　　　　　　　　　图 8-90　　　　　　　　　　图 8-91

（8）保持星形的选中状态。在属性栏的"旋转角度"文本框中设置数值为 –20，按 Enter 键，效果如图 8-92 所示。按数字键盘上的 + 键，复制星形。选择"选择"工具 ▶，向右上方拖曳复制的星形到适当的位置，如图 8-93 所示。按住 Shift 键拖曳右上角的控制点，等比例缩小星形，如图 8-94 所示。

图 8-92　　　　　　　　　　图 8-93　　　　　　　　　　图 8-94

（9）用相同的方法复制多个星形，并调整其角度，如图 8-95 所示。按 Ctrl+I 组合键，弹出"导入"对话框，选择云盘中的"Ch08 > 素材 > 制作 App 首页女装广告 > 03、04"文件。单击"导入"按钮，在页面中单击以导入图片。选择"选择"工具，拖曳衣服图片到适当的位置，并调整其大小和角度，App 首页女装广告制作完成，效果如图 8-96 所示。

图 8-95 图 8-96

8.1.5 扩展实践：制作手机电商广告

使用"导入"命令导入素材图片；使用"文本"工具字、"文本属性"泊坞窗添加宣传性文字；使用"插入字符"命令添加需要的字符。最终效果参看云盘中的"Ch08 > 效果 > 制作手机电商广告"文件，如图 8-97 所示。

图 8-97

微课

制作手机电商广告

任务 8.2 制作女鞋电商广告

微课

制作女鞋电商广告

8.2.1 任务引入

本任务是为某女鞋电商推出的新款女鞋制作广告，要求设计以宣传夏季女鞋为主题，色彩明亮，风格清晰。

8.2.2 设计理念

设计时，使用浅色的背景和简单的几何图形营造清新自然的氛围；将新款鞋品摆放在展示台上的设计，突出了宣传主体，加深了顾客的印象；文字简洁、紧凑，使整体画面更清爽。最终效果参看云盘中的"Ch08 > 效果 > 制作女鞋电商广告"文件，如图 8-98 所示。

图 8-98

8.2.3　任务知识："组合对象"命令、调整字距

❶ 组合图形

使用"选择"工具 选择要进行组合的图形，如图8-99所示。选择"对象 > 组合 > 组合对象"命令，或按Ctrl+G组合键，或单击属性栏中的"组合对象"按钮，可以将多个图形进行群组，如图 8-100 所示。按住 Ctrl 键选择"选择"工具，单击需要选择的子图形，松开 Ctrl 键，子图形被选择，如图 8-101 所示。

图 8-99　　　　　图 8-100　　　　　图 8-101

群组后的图形变成一个整体，移动其中一个图形，其他图形会随着移动；填充其中一个图形，其他图形也会被填充。

选择"对象 > 组合 > 取消组合对象"命令，或按 Ctrl+U 组合键，或单击属性栏中的"取消组合对象"按钮，可以取消图形的群组状态。选择"对象 > 组合 > 取消组合所有对象"命令，或单击属性栏中的"取消组合所有对象"按钮，可以取消所有图形的群组状态。

提示　在群组中，子图形可以是单个的图形，也可以是由多个图形组成的群组，这称为群组的嵌套；使用群组的嵌套可以管理多个图形之间的关系。

❷ 调整字符间距和行距

输入美术字文本或段落文本，如图 8-102 所示。使用"形状"工具选择文本，文本的节点处于编辑状态，如图 8-103 所示。

拖曳图标，可以调整文本中字符的间距，拖曳图标，可以调整文本中字符的行距，如图 8-104 所示。使用键盘上的方向键，可以对文本的间距和行距进行微调。按住 Shift 键，将段落中第二行文字的节点全部选择，如图 8-105 所示。

将鼠标指针放在黑色的节点上，按住鼠标左键并拖曳，如图 8-106 所示。将第二行文字移动到需要的位置，如图 8-107 所示。使用相同的方法可以对单个字进行移动。

单击属性栏中的"文本属性"按钮，或选择"文本 > 文本属性"命令，弹出"文本属性"泊坞窗，在"字距调整范围"数值框中可以设置字符的间距，在"行距"数值框中可以设置字符的行距。

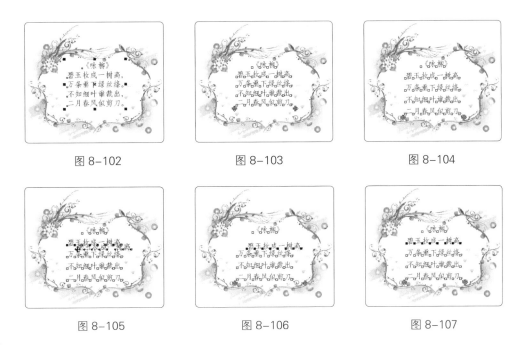

图 8-102　　　　　　　　　　图 8-103　　　　　　　　　　图 8-104

图 8-105　　　　　　　　　　图 8-106　　　　　　　　　　图 8-107

❸ 立体效果

立体效果是利用三维空间的立体旋转和光源照射的功能实现的。使用 CorelDRAW 中的"立体化"工具 🖼 可以制作和编辑图形的立体效果。

绘制一个需要制作立体效果的图形，如图 8-108 所示。选择"立体化"工具 🖼，在图形上单击并按住鼠标左键向图形的右上方拖曳，如图 8-109 所示。实现需要的立体效果后，松开鼠标左键，图形的立体效果如图 8-110 所示。

图 8-108　　　　　　　　　　图 8-109　　　　　　　　　　图 8-110

属性栏如图 8-111 所示，其中部分选项、按钮的含义如下。

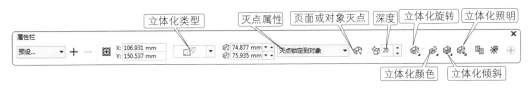

图 8-111

- "立体化类型"下拉列表 ：单击下拉按钮 弹出下拉列表，在其中可以选择不同的立体效果。
- "深度"数值框 ：设置图形立体化的深度。
- "灭点属性"下拉列表 ：设置灭点的属性。

- "页面或对象灭点"按钮 ：单击此按钮，可以将灭点锁定在页面上，在移动图形时灭点不能移动，且立体化的图形形状会改变。

- "立体化旋转"按钮 ：单击此按钮，弹出旋转下拉列表，鼠标指针在三维旋转设置区内会变为手形图标，按住鼠标左键并拖曳，可以在三维旋转设置区中旋转图形，页面中的立体化图形会进行相应的旋转；单击 按钮，出现"旋转值"数值框，在其中可以精确地设置立体化图形的旋转数值；单击 按钮，恢复默认设置。

- "立体化颜色"按钮 ：单击此按钮，弹出立体化图形的颜色下拉列表。颜色下拉列表中有 3 个颜色设置模式，分别是"使用对象填充"模式 、"使用纯色"模式 和"使用递减的颜色"模式 。

- "立体化倾斜"按钮 ：单击此按钮，弹出斜角修饰下拉列表，可以拖曳下拉列表中图例的节点来添加斜角效果，也可以在数值框中输入数值来设置倾斜角度；勾选"只显示斜角修饰边"复选框，将只显示立体化图形的斜角修饰边。

- "立体化照明"按钮 ：单击此按钮，弹出照明下拉列表，在下拉列表中可以为立体化图形添加光源效果。

4 **表格工具**

选择"表格"工具 ，按住鼠标左键，在页面中从左上角向右下角拖曳鼠标指针到需要的位置，松开鼠标左键，表格绘制完成，如图 8-112 所示。属性栏如图 8-113 所示。

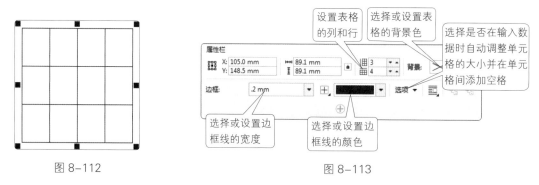

图 8-112　　　　　　　　　　　　　图 8-113

按住 Ctrl 键，在页面中可以绘制正网格状的表格。

按住 Shift 键，在页面中以当前点为中心绘制网格状的表格。

按住 Shift+Ctrl 组合键，在页面中以当前点为中心绘制正网格状的表格。

8.2.4 任务实施

（1）打开 CorelDRAW X8，按 Ctrl+N 组合键，弹出"创建新文档"对话框，设置文档的宽度为 1920 px、高度为 830 px、原色模式为 RGB、分辨率为 72 dpi，单击"确定"按钮，创建一个文档。

（2）按 Ctrl+I 组合键，弹出"导入"对话框，选择云盘中的"Ch08 > 素材 > 制作女鞋

电商广告 > 01"文件。单击"导入"按钮,在页面中单击以导入图片,如图 8-114 所示。按 P 键,将图片在页面中居中对齐,如图 8-115 所示。

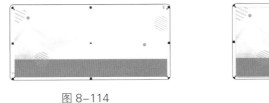

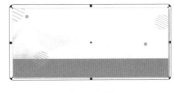

图 8-114 图 8-115

(3)按 Ctrl+I 组合键,弹出"导入"对话框,选择云盘中的"Ch08 > 素材 > 制作女鞋电商广告 > 02、03"文件。单击"导入"按钮,在页面中单击以导入图片。将图片拖曳到适当的位置并调整其大小,如图 8-116 所示。

(4)选择"选择"工具 ,选择下方的图片。选择"阴影"工具 ,在属性栏中单击"预设列表"下拉按钮 ,在弹出的下拉列表中选择"透视右上"选项,其他设置如图 8-117 所示。按 Enter 键,效果如图 8-118 所示。

图 8-116 图 8-117 图 8-118

(5)选择"文本"工具 ,在页面中输入需要的文字。选择"选择"工具 ,在属性栏中选择合适的字体并设置文字大小,如图 8-119 所示。

(6)选择英文"MIDSUMMER",选择"文本 > 文本属性"命令,在弹出的"文本属性"泊坞窗中进行设置,如图 8-120 所示。按 Enter 键,效果如图 8-121 所示。

图 8-119 图 8-120 图 8-121

(7)选择文字"唤醒夏日",设置文字颜色的 RGB 值为 234、91、104,填充文字,如图 8-122 所示。在"文本属性"泊坞窗中进行设置,如图 8-123 所示。按 Enter 键,效果如图 8-124 所示。

(8)选择文字"颜值胜出换新季",在"文本属性"泊坞窗中进行设置,如图 8-125 所示。

按 Enter 键，效果如图 8-126 所示。

图 8-122

图 8-123

图 8-124

图 8-125

（9）选择文字"满 99 减 10 / 满 199 减 20"，填充文字为白色，如图 8-127 所示。在"文本属性"泊坞窗中进行设置，如图 8-128 所示。按 Enter 键，效果如图 8-129 所示。

图 8-126

图 8-127

图 8-128

图 8-129

（10）选择"矩形"工具▢，在适当的位置绘制一个矩形，如图 8-130 所示。填充矩形为黑色，并去除矩形的轮廓线。连续按 Ctrl+PageDown 组合键，将矩形向后移至适当的位置，如图 8-131 所示。

图 8-130

图 8-131

（11）选择"矩形"工具▢，在适当的位置绘制一个矩形，设置矩形颜色的 RGB 值为197、43、49，填充矩形，并去除矩形的轮廓线，如图 8-132 所示。

（12）选择"文本"工具字，在适当的位置输入需要的文字。选择"选择"工具▶，在属性栏中选择适当的字体并设置文字大小，单击"将文本更改为垂直方向"按钮▥，更改文本方向。填充文字为白色，如图 8-133 所示。

（13）选择"选择"工具▶，按住 Shift 键单击文字后方的矩形将其同时选中，在属性栏的"旋转角度"数值框中设置数值为 355，按 Enter 键，效果如图 8-134 所示。

（14）选择文字后方的矩形，选择"阴影"工具▢，在属性栏中单击"预设列表"下拉按钮▼，在弹出的下拉列表中选择"平面右下"选项，其他设置如图 8-135 所示。按 Enter 键，效果如图 8-136 所示。

图 8-132　　　图 8-133　　　图 8-134　　　　　　　　图 8-135　　　　　　　　图 8-136

（15）选择"贝塞尔"工具，在适当的位置绘制两条曲线，如图 8-137 所示。选择"选择"工具，选择左侧的曲线，按 Shift+PageDown 组合键，将其置于底层，如图 8-138 所示。

（16）选择"椭圆形"工具，按住 Ctrl 键在适当的位置绘制一个圆形，填充圆形为黑色，并去除圆形的轮廓线，如图 8-139 所示。选择"选择"工具，按数字键盘上的 + 键，复制圆形，向上方拖曳复制的圆形到适当的位置，如图 8-140 所示。

（17）选择"选择"工具，用圈选的方法将所有图形和文字全部选中，按 Ctrl+G 组合键，将图形和文字群组，如图 8-141 所示。拖曳群组图形到页面中适当的位置，如图 8-142 所示。

 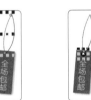  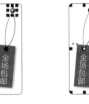 

图 8-137　　　图 8-138　　　图 8-139　　　图 8-140　　　图 8-141　　　　图 8-142

（18）选择"矩形"工具，在适当的位置绘制一个矩形，如图 8-143 所示。按 F12 键，弹出"轮廓笔"对话框，在"颜色"下拉列表中设置轮廓线颜色的 RGB 值为 26、26、26，其他设置如图 8-144 所示。单击"确定"按钮，效果如图 8-145 所示。用相同的方法再制作一个虚线矩形边框，女鞋电商广告制作完成，效果如图 8-146 所示。

图 8-143

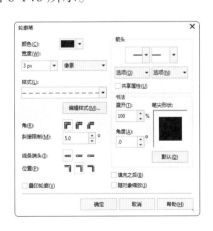

图 8-144

图 8-145

图 8-146

8.2.5　扩展实践：制作服装电商广告

使用"导入"命令、"矩形"工具□和"置于图文框内部"命令制作广告的背景；使用"文本"工具字、"渐变填充"按钮■制作广告的标题文字；使用"矩形"工具□、"移除前面对象"按钮制作装饰框；使用"文本"工具字、"文本属性"泊坞窗添加宣传性文字。最终效果参看云盘中的"Ch08 > 效果 > 制作服装电商广告"文件，如图 8-147 所示。

图 8-147

微课

制作服装电商广告

任务 8.3　项目演练：制作家电电商广告

微课

制作家电电商广告

8.3.1　任务引入

本任务是为一家家电电商制作广告，用于双 12 活动宣传。要求设计突出活动氛围和商家丰富的家电品类。

8.3.2　设计理念

设计时，使用艳丽的背景搭配装饰图案烘托活动氛围；集中放置的家电图片使宣传主题更加鲜明突出；醒目的文字能更好地吸引顾客关注。最终效果参看云盘中的"Ch08 > 效果 > 制作家电电商广告"文件，如图 8-148 所示。

图 8-148

项目9

制作商品包装
——包装设计

09

包装能在一定程度上代表一个品牌形象，好的包装可以让商品从同类产品中脱颖而出，吸引消费者的注意力并引发其购买行为。通过本项目的学习，读者可以掌握包装的设计方法和制作技巧。

🔍 学习引导

📺 知识目标

- 了解包装的概念
- 掌握包装的分类和设计原则

📋 能力目标

- 熟悉包装的设计思路
- 掌握包装的制作方法和技巧

✒️ 素养目标

- 培养包装设计的创意思维
- 培养对包装的审美与鉴赏能力

📊 实训项目

- 制作核桃奶包装
- 制作冰淇淋包装

相关知识：包装设计基础

1　包装的概念

包装的主要功能是保护商品，其次是美化商品和传递信息。要想将包装设计好，除了需要遵循设计的基本原则外，还要着重研究消费者的心理，这样设计出的包装才能从同类商品中脱颖而出，如图9-1所示。

图9-1

2　包装的分类

按商品种类分类，包装包括建材商品包装、农牧水产品商品包装、食品和饮料商品包装、轻工日用品商品包装、纺织品和服装商品包装、医药商品包装、电子商品包装等，如图9-□所示。

图9-2

3　包装的设计原则

包装设计应遵循一定的设计原则，包括实用经济的原则、商品信息精准传达的原则、人性化便利的原则、表现文化和艺术性的原则、绿色环保的原则，如图9-□所示。

图9-3

任务 9.1 制作核桃奶包装

微课
制作核桃奶
包装1

微课
制作核桃奶
包装2

9.1.1 任务引入

食佳股份有限公司是一家以奶制品、干果、休闲零食等食品的分装与销售为主营业务的公司。现公司推出一款核桃奶，本任务是为其制作包装，要求设计风格清新，并传达出核桃奶健康美味的特点。

9.1.2 设计理念

设计时，使用浅褐色作为主色调，突出产品原料中的核桃，加深消费者的印象；包装的正面使用充满田园风格的卡通插画，营造自然、健康的感觉；整齐排列的文字使包装看起来更加干净，提升观赏的愉悦感。最终效果参看云盘中的"Ch09 > 效果 > 制作核桃奶包装"文件，如图9-4所示。

图9-4

9.1.3 任务知识："造型"泊坞窗

1 "造型"泊坞窗

◎ 焊接

焊接是将几个图形结合成一个图形，新的图形轮廓由被焊接的图形边界组成，焊接后的图形的交叉线都会消失。

使用"选择"工具▶选择要焊接的图形，如图9-5所示。选择"窗口 > 泊坞窗 > 造型"命令，弹出图9-6所示的"造型"泊坞窗。在"造型"泊坞窗中选择"焊接"选项，然后单击"焊接到"按钮，将鼠标指针移至目标图形上并单击，如图9-7所示。焊接后的效果如图9-8所示，可以看到，新生成图形的边框和颜色填充与目标图形完全相同。

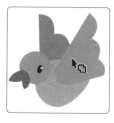

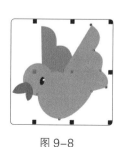

| 图9-5 | 图9-6 | 图9-7 | 图9-8 |

在进行焊接操作之前，可以在"造型"泊坞窗中设置是否"保留原始源对象"和"保留

原目标对象"。勾选"保留原始源对象"和"保留原目标对象"复选框，如图 9-9 所示，在焊接图形时，原始图形和目标都会被保留，如图 9-10 所示。保留原始图形和目标图形对修剪和相交操作也适用。

选择要焊接的图形，选择"对象 > 造形 > 合并"命令，或单击属性栏中的"合并"按钮 ⤵，可以完成图形的焊接。

◎ 修剪

修剪是将目标图形与原始图形的相交部分裁掉，使目标图形的形状被更改。修剪后的目标图形保留其填充和轮廓属性。

使用"选择"工具 ▸ 选择原始图形，如图 9-11 所示。在"造型"泊坞窗中选择"修剪"选项，如图 9-12 所示。单击"修剪"按钮，将鼠标指针移至原目标图形上并单击，如图 9-13 所示。修剪后的效果如图 9-14 所示，可以看到，修剪后的目标对象保留其填充和轮廓属性。

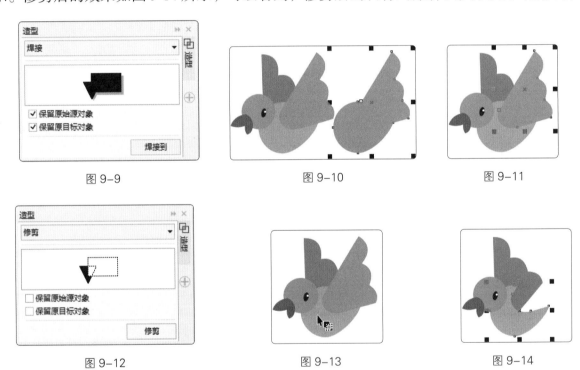

图 9-9　　　　　　　　　图 9-10　　　　　　　　　图 9-11

图 9-12　　　　　　　　　图 9-13　　　　　　　　　图 9-14

选择"对象 > 造形 > 修剪"命令，或单击属性栏中的"修剪"按钮 ⤵，也可以完成修剪，原始图形和被修剪的目标图形会同时存在于页面中。

提示

在圈选多个图形时，最底层的图形就是目标图形。按住 Shift 键，在选择多个图形时，最后选择的图形就是目标图形。

◎ 相交

相交是将两个或两个以上图形的相交部分保留，使相交的部分成为一个新的图形。生成的新图形的填充和轮廓属性与目标图形相同。

使用"选择"工具 选择原始图形，如图9-15所示。在"造型"泊坞窗中选择"相交"选项，如图9-16所示。单击"相交对象"按钮，将鼠标指针移至目标图形上并单击，如图9-17所示。相交后的效果如图9-18所示，可以看到，相交后图形将保留目标图形的填充和轮廓属性。

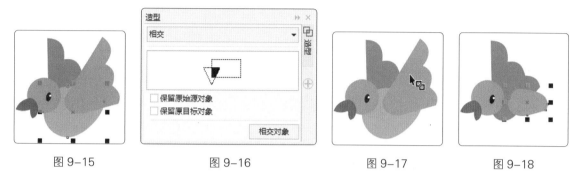

图9-15   图9-16   图9-17   图9-18

选择"对象>造型>相交"命令，或单击属性栏中的"相交"按钮，也可以完成相交操作。原始图形、目标图形，以及相交后生成的新图形同时存在于页面中。

◎ 简化

简化是减去后面图形中和前面图形的重叠部分，并保留前面图形和后面图形状态的操作。

使用"选择"工具 选择两个相交的图形，如图9-19所示。在"造型"泊坞窗中选择"简化"选项，如图9-20所示。单击"应用"按钮，图形的简化效果如图9-21所示。

图9-19   图9-20   图9-21

选择"排列>造型>简化"命令，或单击属性栏中的"简化"按钮，也可以完成图形的简化。

◎ 移除后面对象

移除后面对象会减去后面的图形及前后图形的重叠部分，并保留前面的图形的剩余部分。

使用"选择"工具 选择两个相交的图形，如图9-22所示。在"造型"泊坞窗中选择"移除后面对象"选项，如图9-23所示，单击"应用"按钮，移除后面对象的效果如图9-24所示。

选择"对象>造型>移除后面对象"命令，或单击属性栏中的"移除后面对象"按钮，也可以完成移除后面对象的操作。

◎ 移除前面对象

移除前面对象会减去前面的图形及前后图形的重叠部分，并保留后面的图形的剩余部分。

图 9-22

图 9-23

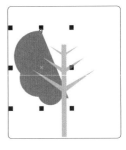

图 9-24

使用"选择"工具┣选择两个相交的图形，如图 9-25 所示。在"造型"泊坞窗中选择"移除前面对象"选项，如图 9-26 所示。单击"应用"按钮，移除前面对象的效果如图 9-27 所示。

图 9-25

图 9-26

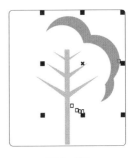

图 9-27

选择"对象 > 造形 > 移除前面对象"命令，或单击属性栏中的"移除前面对象"按钮┗，也可以完成移除前面对象的操作。

◎ 边界

通过边界功能可以快速创建一个所选图形的共同边界。

使用"选择"工具┣选择要创建边界的图形，如图 9-28 所示。在"造型"泊坞窗中选择"边界"选项，如图 9-29 所示。单击"应用"按钮，效果如图 9-30 所示。

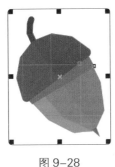

图 9-28

图 9-29

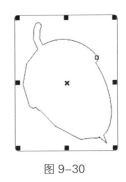

图 9-30

选择"对象 > 造形 > 边界"命令，或单击属性栏中的"边界"按钮┗，也可以完成图形共同边界的创建。

2 螺纹工具

◎ 绘制对称式螺纹

选择"螺纹"工具◎，按住鼠标左键，在页面中从左上角向右下角拖曳鼠标指针到需要的位置，松开鼠标左键，对称式螺纹绘制完成，如图 9-31 所示。属性栏如图 9-32 所示。

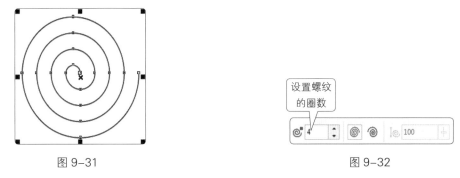

设置螺纹
的圈数

图 9-31   图 9-32

如果按住鼠标左键，从页面的右下角向左上角拖曳鼠标指针到需要的位置，则可以绘制出反向的对称式螺纹。在 数值框中可以重新设置螺纹的圈数，绘制出需要的对称螺纹。

◎ 绘制对数螺纹

选择"螺纹"工具，在属性栏中单击"对数螺纹"按钮，按住鼠标左键，在页面中从左上角向右下角拖曳鼠标指针到需要的位置，松开鼠标左键，对数螺纹绘制完成，如图 9-33 所示。属性栏如图 9-34 所示。

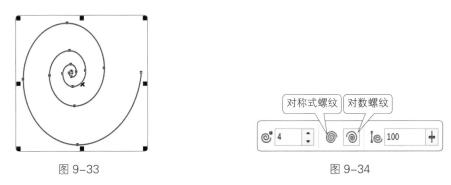

对称式螺纹 对数螺纹

图 9-33   图 9-34

在 中可以重新设置螺纹的扩展参数，将其中的数值分别设置为 80 和 20 时，对数螺纹向外扩展的效果如图 9-35 所示。当其中的数值为 1 时，将绘制出对称式螺纹。

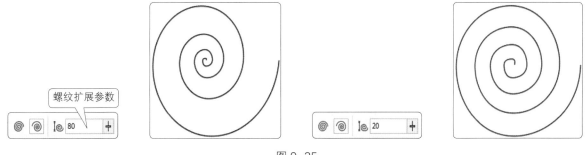

螺纹扩展参数

图 9-35

按 A 键，快速选择"螺纹"工具，可在页面中适当的位置绘制螺纹。

按住 Ctrl 键，在页面中绘制圆形螺纹。

按住 Shift 键，在页面中以当前点为中心绘制螺纹。

按住 Shift+Ctrl 组合键，在页面中以当前点为中心绘制圆形螺纹。

9.1.4 任务实施

1 绘制卡通形象

（1）打开 CorelDRAW X8，按 Ctrl+N 组合键，弹出"创建新文档"对话框，设置文档的宽度为 210 mm、高度为 297 mm、方向为纵向、原色模式为 CMYK、分辨率为 300 dpi，单击"确定"按钮，创建一个文档。

（2）按 Ctrl+I 组合键，弹出"导入"对话框，选择云盘中的"Ch09 > 素材 > 制作核桃奶包装 > 01"文件。单击"导入"按钮，在页面中单击以导入图片。选择"选择"工具 ，拖曳图片到适当的位置，并调整其大小，如图 9-36 所示。选择"椭圆形"工具 ，在页面中绘制一个椭圆形，如图 9-37 所示。

（3）使用"椭圆形"工具 再绘制一个椭圆形，如图 9-38 所示。按数字键盘上的 + 键，复制椭圆形。选择"选择"工具 ，按住 Shift 键水平向右拖曳复制的椭圆形到适当的位置，效果如图 9-39 所示。选择"矩形"工具 ，在适当的位置绘制一个矩形，如图 9-40 所示。

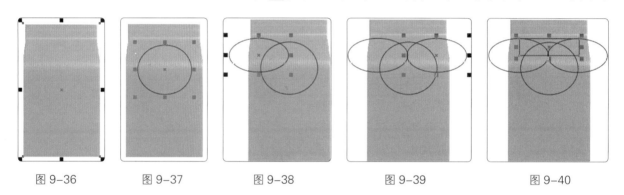

图 9-36　　　　图 9-37　　　　图 9-38　　　　图 9-39　　　　图 9-40

（4）选择"选择"工具 ，用圈选的方法将绘制的图形同时选中，如图 9-41 所示。单击属性栏中的"移除前面对象"按钮 ，将 4 个图形剪切为一个图形，效果如图 9-42 所示。设置图形颜色的 CMYK 值为 0、20、20、0，填充图形，并去除图形的轮廓线，如图 9-43 所示。

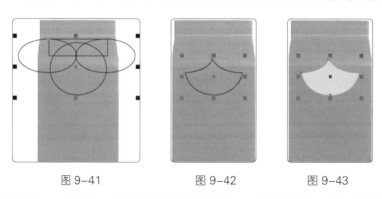

图 9-41　　　　图 9-42　　　　图 9-43

（5）选择"椭圆形"工具 ，在适当的位置绘制一个椭圆形。单击属性栏中的"转换为曲线"按钮 ，将椭圆形转换为曲线，如图 9-44 所示。选择"形状"工具 ，选择并向下拖曳椭圆形下方的节点到适当的位置，如图 9-45 所示。

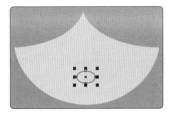

图 9-44

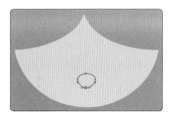

图 9-45

（6）选择"选择"工具 ，选择图形。按 F12 键，弹出"轮廓笔"对话框，在"颜色"下拉列表中设置轮廓线颜色的 CMYK 值为 0、100、100、75，其他设置如图 9-46 所示。单击"确定"按钮，效果如图 9-47 所示。设置图形颜色的 CMYK 值为 0、90、100、30，填充图形，如图 9-48 所示。

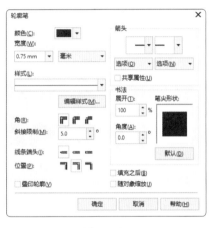

图 9-46

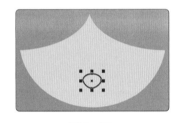

图 9-47

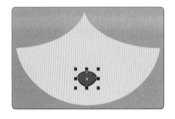

图 9-48

（7）选择"贝塞尔"工具 ，在适当的位置绘制一个不规则图形，填充图形为白色，并去除图形的轮廓线，如图 9-49 所示。

（8）选择"选择"工具 ，按数字键盘上的 + 键，复制图形。按住 Shift 键水平向右拖曳复制的图形到适当的位置，如图 9-50 所示。单击属性栏中的"水平镜像"按钮 ，水平翻转图形，如图 9-51 所示。

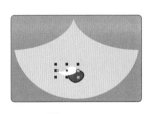

图 9-49

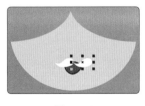

图 9-50

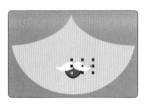

图 9-51

（9）选择"椭圆形"工具 ，在适当的位置绘制一个椭圆形。单击属性栏中的"转换为曲线"按钮 ，将椭圆形转换为曲线，如图 9-52 所示。

（10）选择"形状"工具 ，选择并向下拖曳椭圆形下方的节点到适当的位置，如图 9-53 所示。选择"选择"工具 ，设置图形颜色的 CMYK 值为 0、40、40、0，填充图形，并去除图形的轮廓线，如图 9-54 所示。

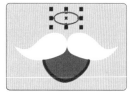  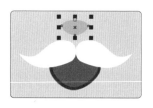

图 9-52　　　　　　　　　图 9-53　　　　　　　　　图 9-54

（11）选择"椭圆形"工具〇，按住 Ctrl 键在适当的位置绘制一个圆形，如图 9-55 所示。设置圆形颜色的 CMYK 值为 0、60、60、40，填充圆形，并去除圆形的轮廓线，如图 9-56 所示。

（12）使用"椭圆形"工具〇绘制一个椭圆形，设置椭圆形颜色的 CMYK 值为 0、40、0、0，填充椭圆形，并去除椭圆形的轮廓线，如图 9-57 所示。

（13）选择"选择"工具，按住 Shift 键单击椭圆形上方的圆形将其同时选中，如图 9-58 所示。按数字键盘上的 + 键，复制图形。按住 Shift 键水平向右拖曳复制的图形到适当的位置。单击属性栏中的"水平镜像"按钮，水平翻转图形，如图 9-59 所示。

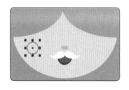 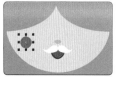   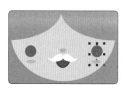

图 9-55　　　　　图 9-56　　　　　图 9-57　　　　　图 9-58　　　　　图 9-59

❷ 添加产品信息

（1）选择"文本"工具字，在页面中输入需要的文字。选择"选择"工具，在属性栏中选择适当的字体并设置文字大小，填充文字为白色，如图 9-60 所示。选择英文"MILK"，选择"文本 > 文本属性"命令，在弹出的"文本属性"泊坞窗中进行设置，如图 9-61 所示。按 Enter 键，效果如图 9-62 所示。

图 9-60　　　　　　　　　图 9-61　　　　　　　　　图 9-62

（2）按 Ctrl+Q 组合键，将文字转换为曲线，如图 9-63 所示。选择"形状"工具，用圈选的方法将需要的节点同时选中，如图 9-64 所示。向下拖曳选择的节点到适当的位置，如图 9-65 所示。

（3）选择"文本"工具字，在适当的位置输入需要的文字。选择"选择"工具，在属性栏中选择适当的字体并设置文字大小，单击"将文本更改为垂直方向"按钮，更改文字方向，填充文字为白色，如图 9-66 所示。

图 9-63

图 9-64

图 9-65

图 9-66

（4）选择"文本"工具，在适当的位置输入需要的文字。选择"选择"工具，在属性栏中选择适当的字体并设置文字大小，单击"将文本更改为水平方向"按钮，更改文字方向，填充文字为白色，如图 9-67 所示。

（5）选择"贝塞尔"工具，在适当的位置绘制一个不规则图形，如图 9-68 所示。设置图形颜色的 CMYK 值为 63、82、100、51，填充图形，并去除图形的轮廓线，如图 9-69 所示。

（6）选择"文本"工具，在适当的位置输入需要的文字。选择"选择"工具，在属性栏中选择适当的字体并设置文字大小，填充文字为白色，如图 9-70 所示。

图 9-67

图 9-68

图 9-69

图 9-70

（7）选择"选择"工具，按住 Shift 键单击不规则图形将其同时选中，如图 9-71 所示。单击属性栏中的"合并"按钮，合并图形和文字，如图 9-72 所示。核桃奶包装制作完成，效果如图 9-73 所示。

图 9-71

图 9-72

图 9-73

9.1.5 扩展案例：制作红豆包装

使用渐变填充工具、2 点线工具和调和工具制作背景效果，使用文本工具添加装饰文字，使用轮廓笔命令制作产品名称，使用贝塞尔工具和透明度工具制作包装展示效果（最终效果参看云盘中的"Ch09> 效果 > 制作红豆包装 .cdr"，见图 9-74）。

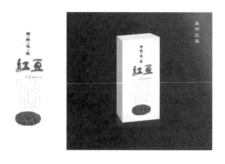

制作红豆包装

图 9-74

任务 9.2　制作冰淇淋包装

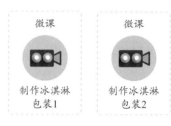

微课　　　　微课

制作冰淇淋　　制作冰淇淋
包装1　　　　包装2

9.2.1　任务引入

本任务是为某款冰淇淋制作包装，要求设计传达出冰淇淋清爽、美味的感觉，能够快速吸引消费者的注意。

9.2.2　设计理念

设计时，采用传统的罐装包装，风格简单干净；可爱的儿童插画素材使包装富有童趣；蓝色的标题文字在画面中突出显示强调品牌并营造清爽的感觉。最终效果参看云盘中的"Ch09 > 效果 > 制作冰淇淋包装"文件，如图 9-75 所示。

图 9-75

9.2.3　任务知识："转换为位图"命令、"轮廓图"工具

1　导入位图

选择"文件 > 导入"命令，或按 Ctrl+I 组合键，弹出"导入"对话框，在对话框左侧的"查找范围"列表框中选择需要的文件夹，在文件夹中选择需要的位图文件，如图 9-76 所示。

选择需要的位图文件，单击"导入"按钮，鼠标指针变为形状，如图 9-77 所示。在页面中单击，位图被导入页面中，如图9-78所示。

图 9-76

图 9-77　　　　　　　　　　　　图 9-78

② 转换为位图

CorelDRAW X8 提供了将矢量图转换为位图的功能，下面介绍具体的操作方法。

打开一个矢量图并保持其选中状态，选择"位图 > 转换为位图"命令，弹出"转换为位图"对话框，如图 9-79 所示。

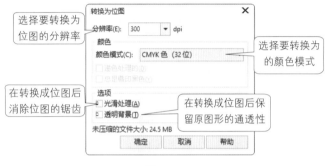

图 9-79

③ 轮廓效果

轮廓效果是由图形中向内部或者外部放射的层次效果，它由多个同心线圈组成。下面介绍如何制作轮廓效果。

绘制一个图形，如图 9-80 所示。选择"轮廓图"工具◎，在图形轮廓上方的节点上按住鼠标左键并向图形内侧拖曳鼠标指针至需要的位置，松开鼠标左键，如图 9-81 所示。

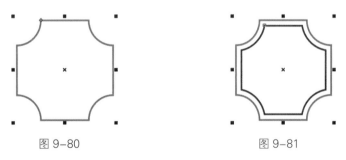

图 9-80　　　　　　　　　　　　图 9-81

属性栏如图 9-82 所示。其中部分按钮、选项的含义如下。

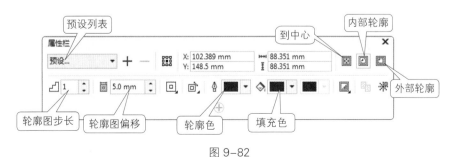

图 9-82

- "预设"下拉列表 预设... ▼：选择系统预设的样式。
- "到中心"按钮 图：根据设置的偏移值一直向内创建轮廓图，如图 9-83 所示。

到中心　　　　　　　　内部轮廓　　　　　　　　外部轮廓

图 9-83

- "内部轮廓"按钮 回、"外部轮廓"按钮 回：使对象产生向内和向外的轮廓图，如图 9-83 所示。
- "轮廓图步长"数值框 ⌐1 ⌐ 和"轮廓图偏移"数值框 ⃞ 5.0 mm ⌐：设置轮廓图的步数和偏移值，如图 9-84 和图 9-85 所示。
- "轮廓色"选项 ◢ ■ ▼：设置最内一圈轮廓线的颜色。
- "填充色"选项 ◇ ■ ▼：设置轮廓图的颜色。

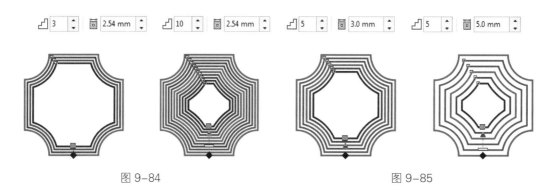

图 9-84　　　　　　　　　　　　　　　　图 9-85

9.2.4 任务实施

① 绘制卡通形象

（1）打开 CorelDRAW X8，按 Ctrl+N 组合键，弹出"创建新文档"对话框，设置文档的宽度为 200 mm、高度为 200 mm、方向为纵向、原色模式为 CMYK、分辨率为 300 dpi，单击"确定"按钮，创建一个文档。

（2）选择"矩形"工具 □，在页面中绘制一个矩形，设置矩形颜色的 CMYK 值为 41、7、0、0，填充矩形，并去除矩形的轮廓线，效果如图 9-86 所示。选择"椭圆形"工具 ○，在适当的位置绘制一个椭圆形，填充椭圆形为白色，并去除椭圆形的轮廓线，如图 9-87 所示。

（3）选择"对象 > PowerClip > 置于图文框内部"命令，鼠标指针变为 ▶ 形状，在矩形边框上单击，如图 9-88 所示。将图片置入矩形中，如图 9-89 所示。

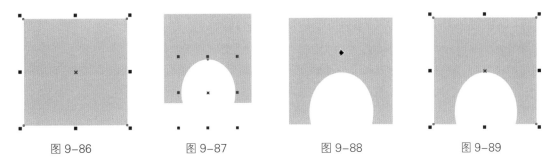

|图 9-86|图 9-87|图 9-88|图 9-89|

（4）选择"贝塞尔"工具 ✐，在适当的位置绘制一个不规则图形，如图 9-90 所示。选择"选择"工具 ▯，选择矩形，选择"对象 > PowerClip > 置于图文框内部"命令，鼠标指针变为 ◗ 形状，在不规则图形上单击，如图 9-91 所示。将图片置入不规则图形中，并去除图形的轮廓线，如图 9-92 所示。

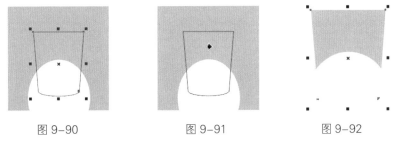

|图 9-90|图 9-91|图 9-92|

（5）选择"椭圆形"工具 ◯，按住 Ctrl 键在页面外绘制一个圆形，如图 9-93 所示。选择"3 点矩形"工具 ▱，在适当的位置绘制一个矩形，如图 9-94 所示。

（6）选择"选择"工具 ▯，按住 Shift 键单击圆形将其同时选中，如图 9-95 所示。单击属性栏中的"合并"按钮 ▣，将图形合并，如图 9-96 所示。选择"3 点椭圆形"工具 ▧，在适当的位置绘制一个椭圆形，如图 9-97 所示。

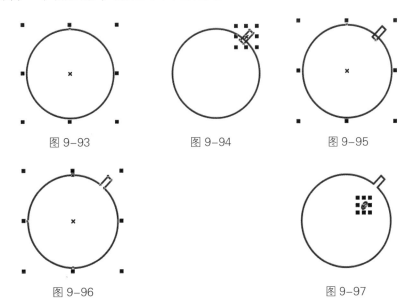

|图 9-93|图 9-94|图 9-95|

|图 9-96|图 9-97|

（7）选择"贝塞尔"工具 ✐，在适当的位置绘制一条曲线，如图 9-98 所示。按 F12 键，弹出"轮廓笔"对话框，在"颜色"下拉列表中设置轮廓线颜色为黑色，其他设置如图 9-99

所示。单击"确定"按钮，如图 9-100 所示。

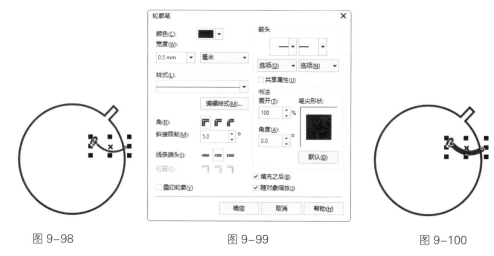

图 9-98　　　　　　　　　图 9-99　　　　　　　　　图 9-100

（8）按 Ctrl+Shift+Q 组合键，将图形的轮廓线转换为对象，如图 9-101 所示。选择"选择"工具 ，用圈选的方法将绘制的图形全部选中，如图 9-102 所示。单击属性栏中的"移除前面对象"按钮 ，将几个图形剪切为一个图形，如图 9-103 所示。设置图形颜色的 CMYK 值为 78、62、37、0，填充图形，并去除图形的轮廓线，如图 9-104 所示。

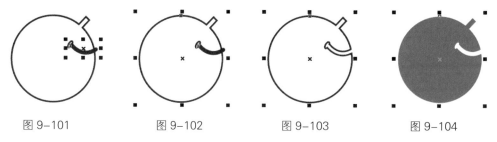

图 9-101　　　　　　图 9-102　　　　　　图 9-103　　　　　　图 9-104

（9）选择"贝塞尔"工具 ，在适当的位置绘制一个不规则图形。在 CMYK 调色板中的"30% 黑"色块上单击，填充图形，并去除图形的轮廓线，如图 9-105 所示。

（10）选择"椭圆形"工具 ，按住 Ctrl 键在适当的位置绘制一个圆形，填充圆形为黑色，并去除圆形的轮廓线，如图 9-106 所示。按数字键盘上的 + 键，复制圆形。选择"选择"工具 ，按住 Shift 键水平向右拖曳复制的圆形到适当的位置，如图 9-107 所示。按住 Ctrl 键连续按 D 键，复制出多个圆形，如图 9-108 所示。

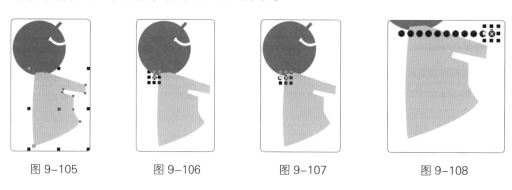

图 9-105　　　　　　图 9-106　　　　　　图 9-107　　　　　　图 9-108

（11）选择"选择"工具 ▶，用圈选的方法将绘制的圆形同时选中，按 Ctrl+G 组合键，将圆形群组，如图 9-109 所示。按数字键盘上的 + 键，复制群组图形。按住 Shift 键垂直向下拖曳复制的图形到适当的位置，如图 9-110 所示。按住 Ctrl 键连续按 D 键，复制出多个图形，如图 9-111 所示。

图 9-109　　　　图 9-110　　　　图 9-111

（12）选择"选择"工具 ▶，用圈选的方法将复制的圆形同时选中，按 Ctrl+G 组合键，将圆形群组，填充群组图形为白色，如图 9-112 所示。按 Ctrl+PageDown 组合键，将群组图形向后移一层，如图 9-113 所示。

（13）选择"对象 > PowerClip > 置于图文框内部"命令，鼠标指针变为 ♦ 形状，在不规则图形上单击，如图 9-114 所示。将图片置入不规则图形中，如图 9-115 所示。

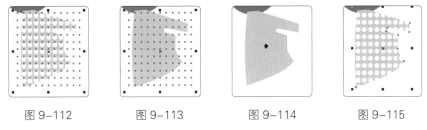

图 9-112　　　图 9-113　　　图 9-114　　　图 9-115

（14）选择"贝塞尔"工具 ✎，在适当的位置绘制不规则图形，如图 9-116 所示。选择"选择"工具 ▶，用圈选的方法将绘制的不规则图形同时选中，设置不规则图形颜色的 CMYK 值为 78、62、37、0，填充不规则图形，并去除不规则图形的轮廓线，如图 9-117 所示。按 Ctrl+PageDown 组合键，将不规则图形向后移一层，如图 9-118 所示。

图 9-116　　　　图 9-117　　　　图 9-118

（15）选择"手绘"工具 ✎，在适当的位置绘制一条斜线，如图 9-119 所示。按 F12 键，弹出"轮廓笔"对话框，在"颜色"下拉列表中设置轮廓线颜色的 CMYK 值为 78、62、37、0，其他设置如图 9-120 所示。单击"确定"按钮，效果如图 9-121 所示。

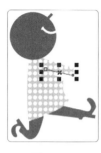
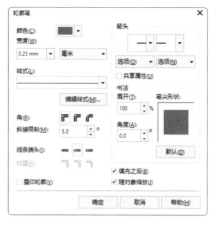
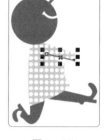

图 9-119　　　　　　　　　图 9-120　　　　　　　　　图 9-121

（16）按数字键盘上的＋键，复制斜线。选择"选择"工具，向下拖曳复制的斜线到适当的位置，效果如图 9-122 所示。选择"贝塞尔"工具，在适当的位置绘制不规则图形，如图 9-123 所示。

（17）选择"选择"工具，用圈选的方法将绘制的不规则图形同时选中，设置不规则图形颜色的 CMYK 值为 78、62、37、0，填充不规则图形，并去除不规则图形的轮廓线，如图 9-124 所示。

图 9-122　　　　图 9-123　　　　图 9-124

（18）选择"矩形"工具，在适当的位置绘制一个矩形，如图 9-125 所示。在属性栏中设置"圆角半径"设为 1.0 mm，如图 9-126 所示。按 Enter 键，效果如图 9-127 所示。

（19）单击属性栏中的"转换为曲线"按钮，将图形转换为曲线，如图 9-128 所示。选择"形状"工具，选择并向左拖曳图形右上角的节点到适当的位置，如图 9-129 所示。用相同的方法调整图形左上角的节点，如图 9-130 所示。

图 9-125　　　　　　　图 9-126　　　　　　　　图 9-127　　图 9-128　图 9-129　图 9-130

（20）选择"椭圆形"工具，在适当的位置绘制一个椭圆形，如图 9-131 所示。选择"选择"工具，按住 Shift 键单击椭圆形下方的图形将其同时选中，如图 9-132 所示。单击属性栏中的"合并"按钮，将图形合并，如图 9-133 所示。设置图形颜色的 CMYK 值为 78、62、37、0，填充图形，并去除图形的轮廓线，如图 9-134 所示。

（21）在属性栏中的"旋转角度"数值框中设置数值为 –15，按 Enter 键，效果如图 9-135 所示。选择"选择"工具，用圈选的方法将绘制的图形全部选中，按 Ctrl+G 组合键，将图形群组。拖曳群组图形到页面中适当的位置，如图 9-136 所示。

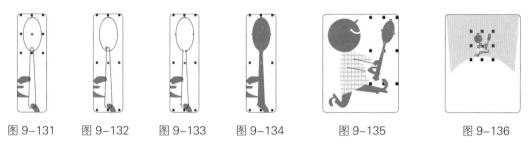

图 9-131　　图 9-132　　图 9-133　　图 9-134　　图 9-135　　图 9-136

（22）选择"手绘"工具，在适当的位置绘制 3 条斜线，如图 9-137 所示。选择"选择"工具，用圈选的方法将绘制的斜线同时选中。按 F12 键，弹出"轮廓笔"对话框，在"颜色"下拉列表中设置轮廓线颜色为白色，其他设置如图 9-138 所示。单击"确定"按钮，效果如图 9-139 所示。

图 9-137　　　　　　　　　　图 9-138　　　　　　　　　　图 9-139

（23）按数字键盘上的 + 键，复制斜线。在属性栏中分别单击"水平镜像"按钮和"垂直镜像"按钮，水平和垂直翻转斜线，如图 9-140 所示。选择"选择"工具，向右拖曳翻转后的斜线到适当的位置，效果如图 9-141 所示。

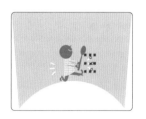

图 9-140　　　　　　　图 9-141

2　添加产品信息

（1）选择"文本"工具，在适当的位置输入需要的文字。选择"选择"工具，在属性栏中选择适当的字体并设置文字大小，如图 9-142 所示。按住 Shift 键选择需要的文字，设置文字颜色的 CMYK 值为 78、62、37、0，填充文字，如图 9-143 所示。

图 9-142   图 9-143

（2）选择英文"CLASSIC CREAM"，设置文字颜色的 CMYK 值为 41、7、0、0，填充文字，如图 9-144 所示。按 F12 键，弹出"轮廓笔"对话框，在"颜色"下拉列表中设置轮廓线颜色的 CMYK 值为 78、62、37、0，其他设置如图 9-145 所示。单击"确定"按钮，效果如图 9-146 所示。

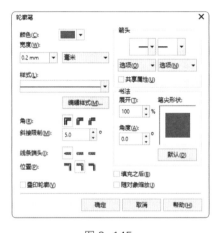

图 9-144   图 9-145   图 9-146

（3）保持文字的选中状态。选择"文本 > 文本属性"命令，在弹出的泊坞窗中进行设置，如图 9-147 所示。按 Enter 键，效果如图 9-148 所示。

图 9-147   图 9-148

（4）选择"文本"工具 字，选择英文"B"，如图 9-149 所示。在属性栏中设置文字大小，如图 9-150 所示。

（5）选择文字"净含量：81 克（100 毫升）"，在"文本属性"泊坞窗中进行设置，如图 9-151 所示。按 Enter 键，效果如图 9-152 所示。

图 9-149   图 9-150   图 9-151   图 9-152

（6）按 Ctrl+I 组合键，弹出"导入"对话框，选择云盘中的"Ch09 > 素材 > 制作冰淇淋包装 > 01"文件。单击"导入"按钮，在页面中单击以导入图形。选择"选择"工具，拖曳图形到适当的位置，如图 9-153 所示。选择"椭圆形"工具，在适当的位置绘制一个椭圆形（为了方便读者观看，这里用红色显示椭圆形的轮廓线），如图 9-154 所示。

（7）保持椭圆形的选中状态。设置椭圆形颜色的 CMYK 值为 89、82、62、38，填充椭圆形，并去除椭圆形的轮廓线，如图 9-155 所示。按 Shift+PageDown 组合键，将椭圆形置于图层后面，如图 9-156 所示。

图 9-153   图 9-154   图 9-155   图 9-156

（8）选择"椭圆形"工具，在适当的位置绘制一个椭圆形，填充椭圆形为黑色，并去除椭圆形的轮廓线，如图 9-157 所示。

（9）选择"位图 > 转换为位图"命令，在弹出的对话框中进行设置，如图 9-158 所示。单击"确定"按钮，效果如图 9-159 所示。

（10）选择"位图 > 模糊 > 高斯式模糊"命令，在弹出的对话框中进行设置，如图 9-160 所示。单击"确定"按钮，效果如图 9-161 所示。按 Shift+PageDown 组合键，将椭圆形置于图层后面，如图 9-162 所示。

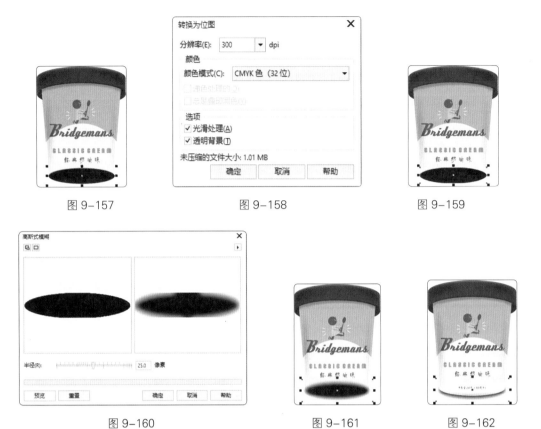

图 9-157　　　　　　　　图 9-158　　　　　　　　图 9-159

图 9-160　　　　　　　　图 9-161　　　　　　　　图 9-162

（11）按 Ctrl+I 组合键，弹出"导入"对话框，选择云盘中的"Ch09 > 素材 > 制作冰淇淋包装 > 02"文件。单击"导入"按钮，在页面中单击以导入图片。按 P 键，将图片在页面中居中对齐，如图 9-163 所示。按 Shift+PageDown 组合键，将图片置于图层后面，如图 9-164 所示。

图 9-163　　　　　　　　　　图 9-164

9.2.5　扩展实践：制作牛奶包装

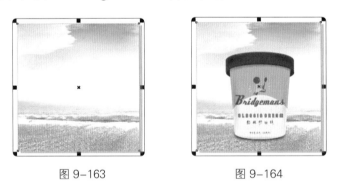

使用"矩形"工具□、"转换为曲线"命令和"形状"工具⬝制作瓶盖图形；使用"转换为位图"命令和"高斯式模糊"命令制作阴影效果；使用"贝塞尔"工具✐和"渐变填充"按钮▨制作瓶身；使用"文本"工具字、"对象属性"泊坞窗和"轮廓图"工具▣添加宣传文字。最终效果参看云盘中的"Ch09 > 效果 > 制作牛奶包装"文件，如图 9-165 所示。

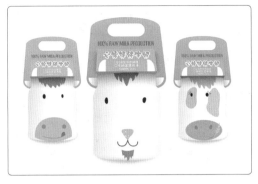

图 9-165

微课

制作牛奶包
装1

微课

制作牛奶包
装2

微课

制作牛奶包
装3

任务 9.3　项目演练：制作护手霜包装

9.3.1　任务引入

本任务是为某化妆品公司制作护手霜包装，要求设计风格自然、清新，突出护手霜的植物成分。

9.3.2　设计理念

设计时，使用白色作为包装背景，营造清新、清爽的感觉；主图选用芦荟图片，强调护手霜的主要成分，特色鲜明。最终效果参看云盘中的"Ch09 > 效果 > 制作化妆品包装"文件，如图 9-166 所示。

图 9-166

微课

制作护手霜
包装

项目10

掌握商业应用
——综合设计实训

本项目提供了5个真实的商业设计项目，通过本项目的学习，读者可以进一步掌握 CorelDRAW X8的使用技巧，并能应用所学技能制作出较专业的商业设计作品。

学习引导

知识目标
- 了解 CorelDRAW 的常用设计领域

能力目标
- 领会 CorelDRAW 在不同设计领域的设计思路
- 掌握 CorelDRAW 在不同设计领域的制作方法和技巧

素养目标
- 培养商业设计的创意思维
- 培养对商业作品的审美与鉴赏能力

实训项目
- 制作创意家居图书封面
- 制作家居电商网站产品详情页
- 制作汉堡宣传单
- 制作摄影广告
- 制作夹心饼干包装

10.1 书籍设计——制作创意家居图书封面

10.1.1 任务引入

本任务是制作创意家居图书封面，要求读者明确家居图书封面的设计风格，并掌握图书封面的设计要点与制作方法。

10.1.2 设计理念

设计时，围绕家居主题进行设计：封面主图选择家居实景照片，突出图书主题；主图下方点缀的家居物品，丰富了画面，增添了生气；封底选择暖色背景色，营造出温馨的氛围。最终效果参看云盘中的"Ch10 > 效果 > 制作创意家居图书封面"文件，如图 10-1 所示。

图 10-1

微课

制作创意家居
图书封面1

微课

制作创意家居
图书封面2

10.1.3 任务实施

（1）打开 CorelDRAW X8，按 Ctrl+N 组合键，新建一个文件。在属性栏的"页面度量"选项中，将宽度设置为 355.0mm、高度设置为 240.0mm。选择"矩形"工具□，绘制多个矩形，设置矩形颜色的 CMYK 值为 0、100、60、0，填充矩形并去除矩形的轮廓线。导入图片并制作图框对其进行精确剪裁，如图 10-2 所示。

（2）使用"矩形"工具□和"椭圆形"工具○制作黑色灯具架，使用"贝塞尔"工具┏绘制白色高光，使用"置于图文框内部"命令制作灯罩，如图 10-3 所示。

（3）选择"文本"工具字，在页面中适当的位置输入需要的文字。选择"选择"工具▶，在属性栏中选取适当的字体并设置文字大小，为文字填充适当的颜色。插入需要的字符。使用"流程图形状"工具ぬ和"椭圆形"工具○绘制标志，导入素材并调整其位置和大小，如图 10-4 所示。

图 10-2　　　　　　　　　　图 10-3　　　　　　　　图 10-4

（4）复制并选择需要的图片，使用"透明度"工具制作透明效果。插入条形码并选择"文本"工具，输入需要的文字，如图 10-5 所示。复制标志和需要的文字，调整其大小并垂直排列文字。创意家居图书的封面制作完成，效果如图 10-6 所示。

图 10-5　　　　　　　　　　　图 10-6

10.2　电商设计——制作家居电商网站产品详情页

10.2.1　任务引入

本任务是为一家家居电商网站制作灯具的详情页，要求读者明确家居行业产品详情页的设计风格，并掌握产品详情页的设计要点与制作方法。

10.2.2　设计理念

设计时，围绕灯具主题进行设计：背景为白色，表现出产品简洁、时尚的风格；产品的简介文字排列整洁，既和页面风格统一，又便于顾客浏览；页面下方的深色区域用于说明商家信息，色调稳重、大气，突出商家特色。最终效果参看云盘中的"Ch10 > 效果 > 制作 Easy Life 家居电商网站产品详情页"文件，如图 10-7 所示。

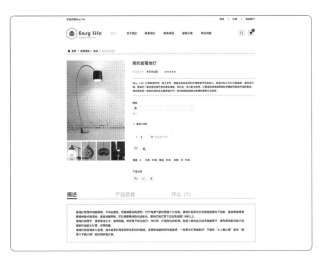
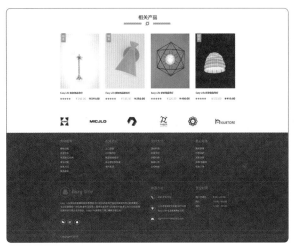

图 10-7

10.2.3 任务实施

（1）打开 CorelDRAW X8，按 Ctrl+N 组合键，新建一个文件。在属性栏的"页面度量"选项中，将宽度设置为 1920 px、高度设置为 2990 px。使用"文本"工具字、"2 点线"工具、"矩形"工具□和"多边形"工具○添加文字和装饰图形，导入素材并调整其位置和大小，如图 10-8 所示。

图 10-8

（2）使用"矩形"工具□导入图片并制作图框对其进行精确剪裁。选择"文本"工具字，在页面中适当的位置输入需要的文字。选择"选择"工具、，在属性栏中选择适当的字体并设置文字大小，为文字填充适当的颜色。插入需要的字符。使用"星形"工具☆和"2点线"工具添加文字和装饰图形，导入素材并调整其位置和大小，如图 10-9 所示。

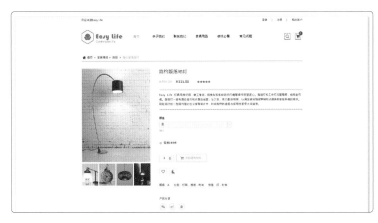

图 10-9

（3）使用"文本"工具 字、"矩形"工具 口 和"2点线"工具 ╱，添加文字和装饰图形，导入图片并制作图框对其进行精确剪裁。使用"星形"工具 ☆ 添加文字和装饰图形，如图10-10所示。

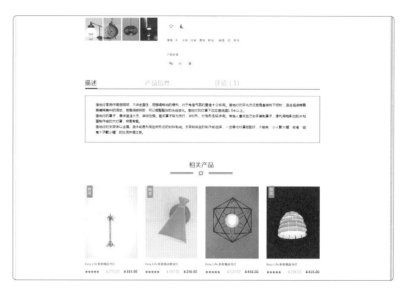

图 10-10

（4）导入素材并调整其位置和大小。使用"文本"工具 字 和"2点线"工具 ╱，添加文字和装饰图形，家居电商网站产品详情页制作完成，效果如图10-11所示。

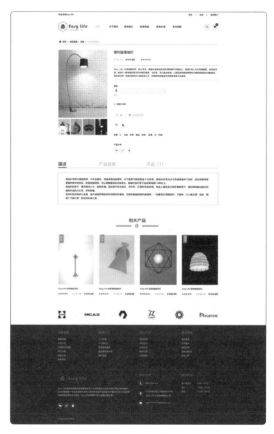

图 10-11

10.3 宣传单设计——制作汉堡宣传单

微课
制作汉堡宣传单1

微课
制作汉堡宣传单2

10.3.1 任务引入

本任务是为一家汉堡店制作宣传单，要求读者明确餐饮行业宣传单的设计风格，并掌握宣传单的设计要点与制作方法。

10.3.2 设计理念

设计时，围绕汉堡主题进行设计：宣传单的背景为渐变色，用以突出前景图片；前景图片选用汉堡套餐照片，调动人们的食欲；醒目的店家名称令人印象深刻。最终效果参看云盘中的"Ch10 > 效果 > 制作汉堡宣传单"文件，如图10-12所示。

10.3.3 任务实施

（1）打开 CorelDRAW X8，按 Ctrl+N 组合键，新建一个文件。在属性栏的"页面度量"设置区中，设置宽度为 210.0mm、高度为 285.0mm。导入素材并调整其位置和大小，如图 10-13 所示。

（2）使用"效果 > 调整 > 色度 / 饱和度 / 亮度"命令调整图片的色调，如图 10-14 所示。

图 10-12

图 10-13

图 10-14

（3）使用"文本"工具 字和"封套"工具 口，输入并改变文字的外形 (此处为了观看方便，将文字填充为白色)，如图 10-15 所示。选择"立体化"工具 口，按住鼠标左键由文字中心向下拖曳，为文字添加立体效果，如图 10-16 所示。

图 10-15   图 10-16

（4）使用"标题形状"工具绘制标题上方的图形，并为其填充相应的颜色，如图 10-17 所示。选择"椭圆形"工具○，绘制一个椭圆形，并将其填充为黑色，如图 10-18 所示。

图 10-17   图 10-18

（5）使用"转换为位图"和"高斯式模糊"命令制作模糊效果，如图 10-19 所示。连续按 Ctrl+PageDown 组合键，将椭圆形向后移动到适当的位置，如图 10-20 所示。

图 10-19   图 10-20

（6）使用"星形"工具☆和"椭圆形"工具○制作价格标签，如图 10-21 所示。使用"文本"工具字，添加宣传性文字，汉堡宣传单制作完成，效果如图 10-22 所示。

图 10-21   图 10-22

10.4　广告设计——制作摄影广告

微课
制作摄影广告1

微课
制作摄影广告2

10.4.1　任务引入

本任务是为一家婚纱摄影店制作广告，要求读者明确摄影行业广告的设计风格，并掌握广告的设计要点与制作方法。

10.4.2　设计理念

设计时，围绕婚纱主题进行设计：广告的背景为浅灰色，营造大气、时尚的感觉；画面中心采用照片拼贴形式，突出了摄影店多变的风格和技术；点缀的文字说明帮助用户更好地了解摄影店的业务范围。最终效果参看云盘中的"Ch10 > 效果 > 制作摄影广告"文件，如图 10-23 所示。

图 10-23

10.4.3　任务实施

（1）打开 CorelDRAW X8，按 Ctrl+N 组合键，新建一个文件。在属性栏的"页面度量"设置区中，设置宽度为 210.0 mm、高度为 285.0 mm。使用"矩形"工具□和"编辑填充"对话框绘制渐变背景，如图 10-24 所示。使用"矩形"工具□绘制多个矩形，如图 10-25 所示。导入素材并调整其位置和大小，制作图框对其进行精确剪裁，如图 10-26 所示。

（2）选择"椭圆形"工具○，按住 Ctrl 键绘制一个圆形，如图 10-27 所示。使用"对象 > PowerClip> 置于图文框内部"命令，制作图片的剪裁效果，如图 10-28 所示。

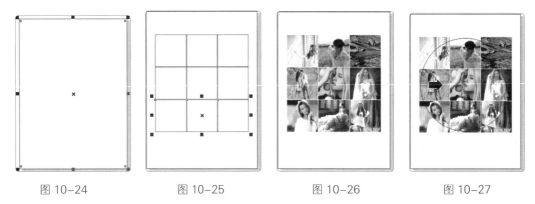

图 10-24   图 10-25   图 10-26   图 10-27

（3）使用"文本"工具字、"矩形"工具□和"星形"工具☆，添加文字和装饰图形，如图 10-29 所示。使用"矩形"工具□和"轮廓图"工具▣制作项目符号，如图 10-30 所示。

图 10-28

图 10-29

图 10-30

（4）选择"文本"工具字，输入需要的文字，并为其填充相应的颜色，如图 10-31 所示。导入素材并调整其位置和大小，如图 10-32 所示。摄影广告制作完成，效果如图 10-33 所示。

图 10-31

图 10-32

图 10-33

10.5 包装设计——制作饼干包装

微课
制作饼干包装1

微课
制作饼干包装2

微课
制作饼干包装3

10.5.1 任务引入

本任务是为一家食品公司新推出的全麦夹心饼干制作包装，要求读者明确休闲零食行业包装的设计风格，并掌握包装的设计要点与制作方法。

10.5.2 设计理念

设计时，围绕饼干主题进行创意设计：包装的背景为纯色，用于突出主题；以饼干实物图片作为装饰元素，使包装更加鲜活；错落有致的饼干名称增加了包装的活泼感，拉近了产品与顾客的距离。最终效果参看云盘中的"Ch10 > 效果 > 制作饼干包装"文件，如图10-34所示。

图 10-34

10.5.3 任务实施

（1）打开 CorelDRAW X8，按 Ctrl+N 组合键，新建一个文件。在属性栏的"页面度量"设置区中，将宽度设置为 355.0 mm、高度设置为 240.0 mm。使用"矩形"工具□绘制矩形，设置矩形颜色的 CMYK 值为 84、100、16、20，填充矩形并去除矩形的轮廓线。选择"文本"工具字，在页面中适当的位置输入需要的文字，如图10-35所示。

图 10-35

（2）导入图片并制作图框对其进行精确剪裁。使用"椭圆形"工具◯绘制阴影，如图 10-36 所示。

图 10-36

（3）使用"矩形"工具▢、"椭圆形"工具◯和"文本"工具字，在适当的位置绘制图形并输入需要的文字，如图 10-37 所示。夹心饼干包装制作完成，效果如图 10-38 所示。

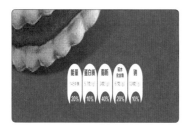

图 10-37

图 10-38